高等学校规划教材

PowerPoint多媒体课件制作教程

主 编 钟晓燕
副主编 罗丽苹 潘娟 卫小慧

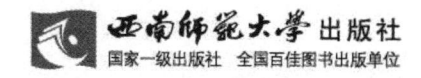

西南师范大学出版社
国家一级出版社 全国百佳图书出版单位

图书在版编目(CIP)数据

PowerPoint多媒体课件制作教程/钟晓燕主编.--
重庆：西南师范大学出版社,2016.10
ISBN 978-7-5621-7536-0

Ⅰ.①P… Ⅱ.①钟… Ⅲ.①图形软件－教材 Ⅳ.
①TP391.41

中国版本图书馆CIP数据核字(2016)第241306号

PowerPoint 多 媒 体 课 件 制 作 教 程
Power Point DUOMEITI KEJIAN ZHIZUO JIAOCHENG

主　编　钟晓燕

责任编辑：张浩宇
封面设计：周　娟　尹　恒
出版发行：西南师范大学出版社
　　　　　　地址：重庆市北碚区天生路1号
　　　　　　邮编：400715
　　　　　　市场营销部电话：023-68868624
　　　　　　http://www.xscbs.com
经　　销：新华书店
印　　刷：重庆紫石东南印务有限公司
开　　本：787mm×1092mm　1/16
印　　张：10.75
字　　数：250千字
版　　次：2016年12月　第1版
印　　次：2016年12月　第1次印刷
书　　号：ISBN 978-7-5621-7536-0
定　　价：25.00元

前 言

　　1946年,计算机美国宾夕法尼亚大学的诞生为人类开辟了崭新的信息时代。近年来计算机技术和网络通讯技术的迅猛发展,让信息技术融入社会各行各业的同时,也融入教育教学领域。在更新传统的教育教学理念,改变过去单一教育教学模式的同时,逐步实现了信息技术与各学科教学的深度融合。

　　有效地设计、开发、利用、管理和评价多媒体课件,合理地利用多媒体课件进行教学,提高教育教学质量也成为信息技术与学科课程深度融合领域中的研究热点。纵观整个信息技术领域,多媒体课件制作的软件琳琅满目,虽然有许多软件工具能够设计制作出高质量的多媒体课件,但其学习与掌握的难度较大,需要的专业知识较多。但PowerPoint作为Microsoft公司Office系列办公组件中的幻灯片制作软件,和其他Office软件一样,容易使用,界面友好。PowerPoint 2010是由微软公司推出的新版本PPT制作软件,与以前的软件相比较具有很大的优势,在这一版本中添加了个性化视频体验,用更为丰富多样的幻灯片切换和自定义动画效果,为多媒体课件带来了更多活力和视觉冲击,因此在设计制作多媒体课件时,受到了人们的青睐,也得到了较为广泛的应用。

　　本教程以制作一个完整的多媒体课件《静夜思》实例为主线,详尽地介绍了PowerPoint 2010的具体使用方法,以及利用PowerPoint 2010制作多媒体课件的操作技巧。教程共分七个模块,各模块的主要内容如下:

　　模块一:初识多媒体课件,内容包括多媒体课件的概述、多媒体课件案例观摩、多媒体课件制作工具介绍以及多媒体课件制作的素材处理。

　　模块二:多媒体课件的脚本设计,内容包括多媒体课件脚本概述和多媒体课件《静夜思》的脚本制作。

　　模块三:多媒体课件的界面设计,内容包括多媒体课件《静夜思》的界面设计和导航设计。

　　模块四:多媒体课件的内容设计,内容包括多媒体课件中文字的设计与制作、图形图像的设计与制作、音视频与动画的设计与制作。

　　模块五:多媒体课件的交互设计,内容包括多媒体课件中自定义动画的设计与制作、动作设计、动作按钮与触发器的设计与制作。

模块六:多媒体课件的发布测试,内容包括多媒体课件页面切换效果及放映方式的设计、多媒体课件的保存与发布。

模块七:多媒体课件的评价,内容包括多媒体课件评价概述和PowerPoint多媒体课件综合案例赏析。

本教程采用了理论与实践相结合的编写思想,力求让学习者在掌握PowerPoint制作多媒体课件的过程中既能够有理论上的引领,也得到技术上的提升。本教程注重实际、强调实用、深入浅出、图文并茂、循序渐进,适合作为大中专院校公共课程教材,师范院校多媒体课件制作教材,各级教师信息技术或教育技术培训的教材,也适合于中小学各学科教师、多媒体课件制作人员、PowerPoint制作爱好者自学使用。

本教程是2014年重庆市高等教育教学改革研究重点项目《基于MOOCs的翻转课堂教学模式研究》成果之一,教程由钟晓燕(西南大学)负责组织策划,并负责统稿工作。全书由钟晓燕、卫小慧(重庆市徐悲鸿中学校)、罗丽苹(四川外国语大学)、潘娟(中共重庆市委党校)分工合作,共同完成编写工作。该书在编写中引用了大量的案例,从中涉取了不少有益内容,在此向这些相关案例的设计制作者一并表示感谢。本书出版还得到了西南师范大学出版社的大力支持和帮助,在此深表谢意。限于作者水平,书中难免存在不当之处,恳请广大读者批评指正。

编　者

目　录

模块一　初识多媒体课件 ·· 001

　　第一节　多媒体课件概述 ·· 003

　　第二节　多媒体课件案例观摩 ·· 008

　　第三节　多媒体课件制作工具 ·· 012

　　第四节　多媒体课件制作素材 ·· 024

模块二　多媒体课件的脚本设计 ·· 029

　　第一节　多媒体课件脚本概述 ·· 031

　　第二节　多媒体课件《静夜思》脚本制作 ···································· 037

模块三　多媒体课件的界面设计 ·· 045

　　第一节　多媒体课件《静夜思》界面设计与制作 ······························ 047

　　第二节　多媒体课件《静夜思》导航设计与制作 ······························ 058

模块四　多媒体课件的内容设计 ·· 067

　　第一节　多媒体课件中文字的设计与制作 ···································· 069

　　第二节　多媒体课件中图形图像的设计与制作 ································ 079

　　第三节　多媒体课件中音视频与动画的设计与制作 ···························· 100

模块五　多媒体课件的交互设计 ·· 111

　　第一节　多媒体课件中自定义动画的设计与制作 ······························ 113

第二节　多媒体课件中动作设置、动作按钮与触发器的设计与制作 …………… 124

模块六　多媒体课件的发布测试 …………………………………………………… 131
　　第一节　多媒体课件页面切换效果及放映方式设计 ……………………………… 133
　　第二节　多媒体课件的保存与发布 ………………………………………………… 142

模块七　多媒体课件的评价 ………………………………………………………… 153
　　第一节　多媒体课件评价 …………………………………………………………… 155
　　第二节　PowerPoint多媒体课件综合案例赏析…………………………………… 158

模块一　初识多媒体课件

【学习目标】

知识目标

能说出多媒体课件的概念、作用及制作流程。

技能目标

能结合实例,从教育性、科学性、艺术性、技术性四个方面宏观评价多媒体课件;能安装运行PowerPoint软件,能指认PowerPoint界面的基本内容,能正确操作PowerPoint各基本功能菜单。

情感、态度、价值观目标

感受课件制作中蕴含的文化内涵,形成对优秀课件的初步认识及创作多媒体课件的意愿,并意识到艺术修养在课件制作中的重要性。

【重难点】

安装运行PowerPoint软件

正确操作PowerPoint各基本功能菜单

第一节　多媒体课件概述

理论引领

一、多媒体、多媒体技术及多媒体课件

在多媒体技术发展的早期，人们把存储信息的实体叫做"媒体"，例如磁盘、磁带、纸张、光盘等；而用于传播信息的电缆、电磁波则被叫做"媒介"。多媒体技术所涉及的实际上是媒体和媒介两种形式。在现代多媒体技术领域中，人们侧重于谈论光盘、磁盘等承载信息的媒体形式，而把传输信息的媒介作为必要的硬件条件。

图1.1　常见媒体形式

多媒体一词来源于英文"Multimedia"，这是一个复合词，它由"Multiple"和"Medium"的复数形式"Media"组合而成。"Multiple"有"多重、复合"之意，"Media"则是指"介质、媒介和媒体"。按照字面理解，多媒体就是"多重媒体"的意思。

现代多媒体技术所涉及的媒体对象主要是计算机技术的产物，其他领域的单纯事物不属于多媒体范畴，例如电影、电视、音响等。那么，多媒体技术则是指计算机交互式综合处理多媒体信息——文本、数据、图形、图像和声音，使多种信息建立逻辑连接，集成为一个系统并具有交互性。简言之，多媒体技术就是具有集成性、实时性和交互性的计算机综合处理文图声像信息的技术。

课件（Courseware）是在一定学习理论指导下，根据教学目标设计的、反映某种教学策略和教学内容的计算机文档或可运行软件。广义上讲，凡具备一定教学功能的教学软件都可以称为"课件"。课件是一种课程软件，它必须包含具体学科的教学内容。

通常所说的课件一般都是指多媒体课件。它是以计算机为核心，交互综合处理文字、图形、图像、动画、声音和视频等多种信息的一种教学软件。

图1.2　多媒体课件示例

二、多媒体课件的作用

多媒体课件作为一种重要的信息化教学资源,在现代课堂教学中发挥着重要的作用。主要作用包括:

1. 激发学习兴趣

多媒体课件充分利用了多媒体计算机的视听效果,通过问题情境的创设,激发学生的学习兴趣,提高课堂时效。

传统教学活动中,教师对教学内容的描述大多是通过粉笔、黑板进行的,是一种"单媒体"的活动。

多媒体教学课件具有形象生动的演示,动听悦耳的音响效果,给学生以新颖感、惊叹感,调动了学生的视觉、听觉等全身神经,从而使学生在教师设计的"激发疑问——创设问题情境——分析问题——解决问题"的各个环节中都能保持高度的兴趣,学习效果明显提高。

图1.3 传统教学与多媒体课件辅助教学

2. 揭示问题本质

多媒体课件充分利用了多媒体计算机的演播功能,展示动态图形图像,揭示问题本质,提高课堂时效。

多媒体课件充分利用了多媒体计算机的演播功能以及动画演示功能,具有传统教学和书本教学不可比拟的优势。通过演示把传统教学或借助书本学习中看不见或不易看清的知识和内容更加生动形象地进行表现,它不仅能展示事物的表面,也能剖析事物的内部结构;既能把快速变化的过程变为慢动作来观察,也能把缓慢变化的过程变快,在很短的时间内呈现出来,为学生学习提供良好的条件,去理解和掌握事物与现象的本质特征,从而提高课堂时效。

> **案例1:变小为大,变大为小**
>
> 人们肉眼看不清的微观世界尽管用高倍显微镜可以进行观察,但由于师生不是同时面对同一客体,不能提供师生共同的观察经验。但通过多媒体课件的动态演示功能可以把微细的物质结构、微生物的活动、细胞分裂等过程放大呈现在屏幕上,既能使学生看得一清二楚,也方便教师配合进行讲解与辅导。 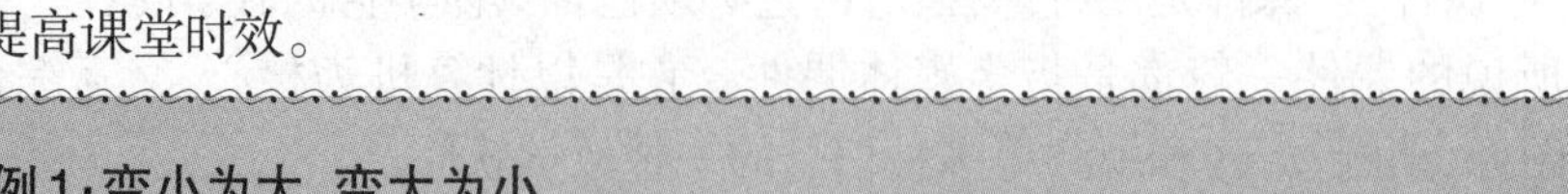
>
> 图1.4 植物细胞有丝分裂模式图

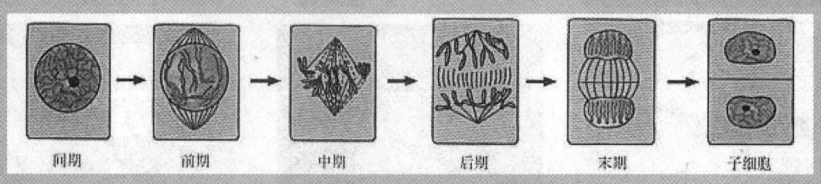

案例2：化快为慢，化慢为快

对于快速运动的物体或瞬间即逝的现象，例如100米跑步运动员的起跑与冲刺的动作、跳高运动的整体运动过程、人造地球卫星的发射过程、物体的碰撞过程、电流电压随电阻变化过程等，都能通过多媒体课件动态演示功能，按照需要的速度进行慢放、正常播放、快放等，以便学生更好地获得有关的知识，从而提高课堂时效。

图1.5　电流电压随电阻变化

案例3：化虚为实，化实为虚

利用多媒体课件的实物图像、动画演示等功能，可以将抽象的教学内容形象化，便于学生理解，也能将具体的事物现象转化为抽象的概念，利于学生思维与智力的发展。如，波的干涉是一个较为抽象的概念，也是日常生活中难以见到的物理现象，利用水波槽进行演示，将书本中抽象的干涉图与实际演示的现象用多媒体课件进行演示讲解，从而赋予书本中图形以具体形象的意义，表现了干涉如何产生、波谷波峰是怎么回事；在利用铁粉及磁铁做磁力线演示实验中，可以用多媒体课件的动态演示功能，表现出磁力线的产生与变化，从而将具体的物理现象转化为书本中概括抽象的内容。

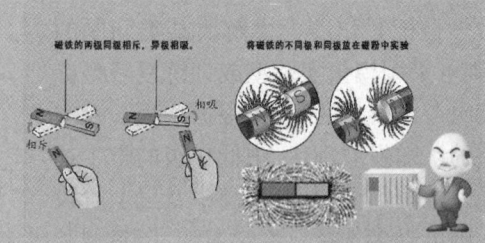

图1.6　磁极与磁力线演示实图

3. 因材施教

利用多媒体计算机的文本功能，美化教学内容，完善教学方案，因材施教，提高课堂时效。

多媒体课件充分利用了多媒体计算机的文本处理功能，课件中的文字信息与板书、课本中的文字相比，有其独特的功能。例如多媒体课件中的文字信息可以根据预先设置好的顺序进行展示，可以根据使用的需要变换字体、字号、色彩，增加动画效

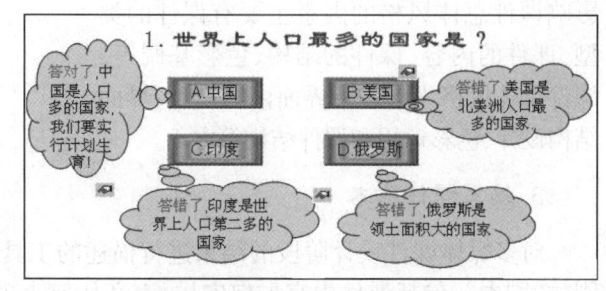

图1.7　多媒体课件的有效交互

果。同时它还可以根据教学设计的需要随时调出。如利用多媒体课件制作选择题,传统的板书或课本只能给出一个冷冰冰的"√"或"×",而多媒体课件中可以让文字富有感情色彩,例如配上有情感的惊叹声或鼓掌声,同时通过其超文本还能够将选错的题跳转到相应的学习内容部分进行巩固,这大大提高了教学的针对性,符合因材施教的原则,有效提高了课堂时效。

三、多媒体课件制作流程

1. 选择教学课题,确定教学目标

课题选择是多媒体课件开发的第一步。教学课题要选择那些学生难以理解、教师不易讲解清楚的重点和难点问题,特别是那些能充分发挥图像和动画效果,并且又不宜用语言和板书表达的内容。

2. 进行教学设计及多媒体课件总体风格设计

（1）教学设计

在多媒体课件的设计与制作中,教学设计是关键环节,是教学思想的具体体现。设计者应根据教学目标、教学内容和学习对象的特点,分析教学中的问题和需求,确定课件解决问题的有效步骤,合理地选择和组织教学媒体和教学方法,根据教学媒体设计适当的教学环境,安排教学信息与评价的内容及方式,以及人机交互的方式等。

任何类型的课件都是教学内容和教学策略两大信息的有机结合,因而先确定多媒体课件的类型。例如:如果教学目标是传授概念、规则、原理等,宜采用课堂演示型课件；如果教学目标是培养学生解决某类问题的能力,则可采用模拟实验型或训练复习型课件。其次考虑学生的特征,根据心理学专家皮亚杰的认知发展理论,中低年级的学生适合选择课堂演示型课件,而高中及以上阶段的学生则可以多选择自主学习型、资料型和工具型课件,以培养学生的学习能力和解决问题的能力。

（2）课件总体风格设计

课件总体风格是从课件的整体上所呈现出来的代表性特点,是由特定的教学内容与表现形式相统一所形成的一种特定风貌。影响课件总体风格的因素主要有课件的类型、课件的内容、课件的结构、色彩基调等。课件总体风格设计包括界面内容设计、界面结构设计、色彩运用和课件结构等方面。

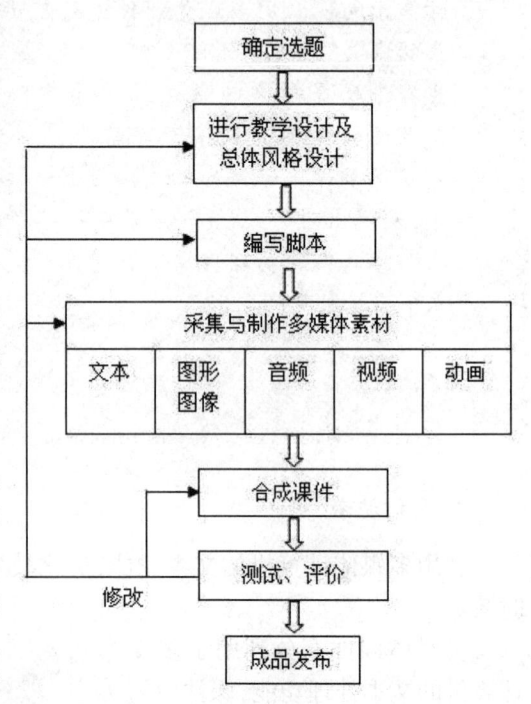

图1.8　多媒体课件制作流程

3. 编写课件脚本

对多媒体课件设计阶段的结果进行描述的工具就是脚本,课件的脚本设计类似影视剧的"剧本",包括课件内容如何安排、声音如何表现和搭配、是否需要加入动画或视频、

加在什么地方、课件如何与学习者交互等。可以说,脚本设计是整个课件制作的核心。比较专业的课件制作,脚本通常分为两种:一种是文字脚本,另一种是制作脚本。

　　文字脚本由教师根据教学要求对课件所要表达的内容进行文字描述,包括教学目标、教学内容和教学单元、教学重难点、媒体和素材选择、教学对象、教学模式等,一般由学科教师完成。一般的文字脚本包含以下几个内容:课件名称、教学目标、重点难点、教学进程、教学流程、媒体运用、课件类型、使用时机。

　　制作脚本是在文字脚本基础上编写的,类似于影视拍摄的分镜头脚本,将文字脚本改变成适合计算机媒体表现的形式,如交互界面、媒体表现形式、内容呈现顺序、效果和导航等。一般情况下,教学流程的每一个子项的制作脚本包含以下几项内容:界面布局、界面说明、屏显内容、屏显类别、屏显时间、交互控制、配音及配乐。制作脚本是制作多媒体课件的直接依据,制作人员依据制作脚本来制作课件。

4. 搜集媒体素材,制作合成课件

　　搜集素材应根据脚本的需要来进行。理想的素材是制作优秀课件的基础,课件素材的优劣直接关系到课件的成效。

　　多媒体课件最核心的环节是制作合成。其主要任务是根据脚本的要求和意图设计教学过程,利用多媒体课件制作软件,将搜集的各种多媒体素材编辑起来,制作成交互性强、操作灵活、视听效果好的多媒体教学辅助软件。

5. 修改调试运行,试用鉴定推广

　　课件制作完成后,要经过多次调试、试用、修改、完善,才能趋于成熟。这也是非常重要的一个环节,是确保课件质量的最后一关。

巩固练习

1. 【单选题】存储信息的实体,如磁盘、磁带、纸张、光盘等称为:(　　)
　　A. 媒介　　　B. 媒材　　　C. 媒体
2. 【单选题】传播信息的电缆、电磁波等称为:(　　)
　　A. 媒介　　　B. 媒材　　　C. 媒体
3. 【多选题】多媒体技术所涉及到以下哪些形式:(　　)
　　A. 媒介　　　B. 媒材　　　C. 媒体
4. 【填空题】多媒体课件制作流程是:(1)选择教学课题,确定教学目标;(2)_____;(3)_____;(4)搜集媒体素材,制作合成课件;
　　(5)修改调试运行,试用鉴定推广。
5. 【名词解释】课件
6. 【名词解释】多媒体技术
7. 【分析论述】结合实例说明多媒体课件的作用。

第二节　多媒体课件案例观摩

理论引领

一、多媒体课件的评价指标

随着信息技术的迅速发展和教育改革的不断深入,多媒体课件越来越受到人们的青睐。多媒体课件在课堂中的广泛运用,使常规的教学如虎添翼,在现代教学中日益显示出其强大功能,为教学带来了质的飞跃。多媒体课件质量的好与坏,将会影响到教学质量和教学效果,因此,其评价工作也就日益受到人们的重视。我们一般从以下四个方面对多媒体课件进行评价:

科学性

教学内容正确,具有时效性、前瞻性;无知识性错误、政治性错误;文字、符号、单位和公式符合国家标准,符合出版规范,无侵犯著作权行为;在课件标定范围内,知识内容范围完整,知识体系结构合理;逻辑结构清晰,层次性强。

教育性

教学目标清晰、定位准确、表述规范,与学生的认知水平相适应;教学重点难点突出,启发引导性强,符合认知规律,有利于调动学生学习的积极性和主动性;课件的制作直观、形象,利于学生理解知识,便于学习和记忆,能有效提高学习效率。

技术性

课件运行可靠,性能稳定,兼容性好,容错力强,在不同配置的计算机上运行无障碍;课件交互性强、可控性好,操作简便、前后内容可随意切换;没有导航、链接错误,容错性好,可以被方便地修改、更新、升级,利于交流、提高;有帮助功能,帮助说明清楚。

艺术性

界面布局合理、新颖、活泼、有创意,整体风格统一,导航清晰简洁;色彩搭配协调,视觉效果好;各种媒体制作精细,吸引力强,激发学习兴趣;文字、图片、音视频、动画切合教学主题,和谐协调,配合适当。

二、多媒体课件制作的注意事项

为了制作一个优秀的多媒体课件,我们要充分、合理、恰当利用媒体资源,以弥补传统教学的不足,同时也应注意以下事项:

1. 课件界面不要繁复花哨、华而不实

课件制作在一定程度上要讲究一定的艺术形式,但也不能单纯地为艺术而艺术,仅仅在表面做文章。

如色彩过于艳丽的界面、美观好看的按钮、字体变化多样的文本,美化了界面、方便了老师的操作,但却成了学生的视觉中心,影响了学生对于教学内容的注意力。而且长时间注视色彩明丽的画面会损害学生的视力。

案例：图文搭配对比

如图所示为一个较极端的对比示例，左图以图案为背景，作为前景的文字，其清晰度自然下降，被关注的程度也因斑斓的背景而大打折扣。所以，课件界面设计不宜繁复花哨，用图要尽可能与主题直接相关，要用于支持证明需表达的核心观点，其

图1.9 图文搭配对比案例

他的情况一定要慎重。装饰性的色彩图案，要有查而不觉的效果，虽然存在，却全然没有意识到，赏心悦目，但关注点始终在关键内容上。

只有充实的内容与完美的外在形式有机结合，才能真正达到传授知识、调动学生积极性、改善教学环境的目的。有一些课件运用了大量的 Flash、视频等动画效果，精彩是精彩，但是如果运用到课堂上，学生只会被其眼花缭乱的动画所吸引，而具体的内容可能还是学不到，这样就起不到辅助教学的作用。

2. 课件不要枯燥呆板、单调无味

多媒体教学主要是以文字为基础，配合图像、声音、动画等手段，从多方面刺激学生的感官，引起学生的兴趣，从而提高教学效率和教学质量。

一个形式呆板的多媒体课件与黑板加粉笔的教学方式是没有什么区别的，它所获得的教学效果自然就不会显著。如果只是一幅幅图片拼接的课件，多半引不起学生的兴趣，更谈不上辅助教学了。

案例：纯文字课件设计 VS 图文混排课件设计

如上图所示，左侧原始案例是以单纯的文字信息来呈现教学内容，虽然对其中的文字做了字体和颜色上的变化设计，但给学习者的总体感觉是枯燥乏味，想沉下心仔细阅读显得相当困难。右图是修改后的案例，采用图文混排的方式来呈现教学内容，图片的使用以及文字的段落排版使得整个课件显得整齐规范而又不失灵活性。

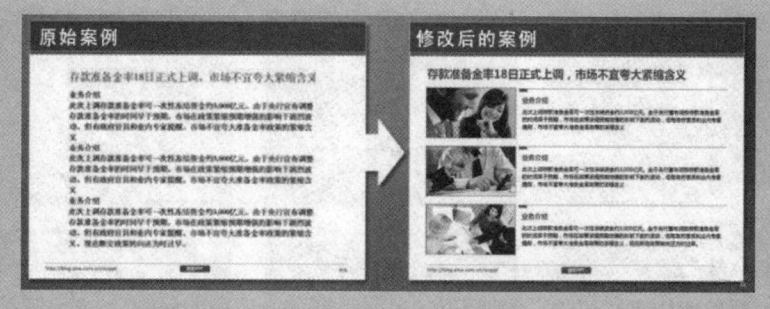

图1.10 纯文字课件设计与图文混排课件设计

3. 课件制作不要随意性拼凑，课件的制作要做到取材合适，用材得当

案例：语文教学之文言文

图1.11 语文教学之文言文课件《氓》

如上图所示是一个文言文多媒体课件，如果在课件中插入了现代流行音乐，就会显得有些不伦不类，破坏整个课件的韵味。一些课件甚至在不该添加图片、动画、按钮、动作等一些效果的时候却添加这些，则会大大影响一个课件整体效果性。课件的制作要从实际出发，恰当把握素材的应用，要注意取材合适，用材得当。

4. 结合教学实际

　　课件制作不要完全照搬教材，我们所做的课件是为了更好地服务于教学。所以，制作课件要结合自己的实际教学情况以及学情出发，创作符合自己的教学课件。

　　有人在制作多媒体课件的过程中简化设计和制作多媒体课件的流程，甚至直接从网络上搜索下载别人的课件，其教学设计、课件中使用的教学媒体或素材完全不加修改就用于自己的教学课件中。

　　暂且不论知识版权问题，仅仅从课件使用效果方面来看，这样做也是适得其反的，将无法保证应用课件辅助教学提升教学效果的作用。网络课件我们可以借鉴、参考，但要结合自己的教学应用加以优化，使之更符合自己的实际需要。

案例观摩

　　在本教程中将以小学语文多媒体课件《静夜思》为例，详细讲解如何利用PowerPoint设计、开发和制作多媒体课件，请通过以下截图对该课件进行观摩学习，后面的模块中我们将陆续讲解其基本设计与制作方法。

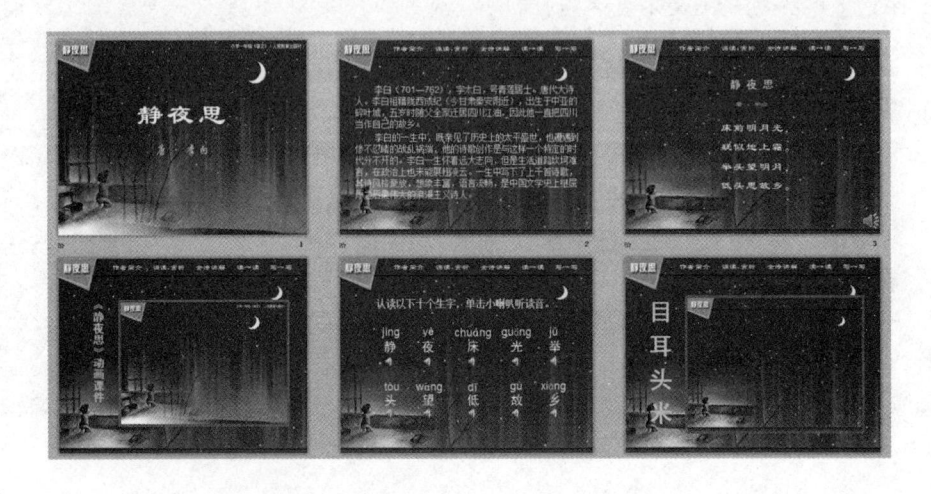

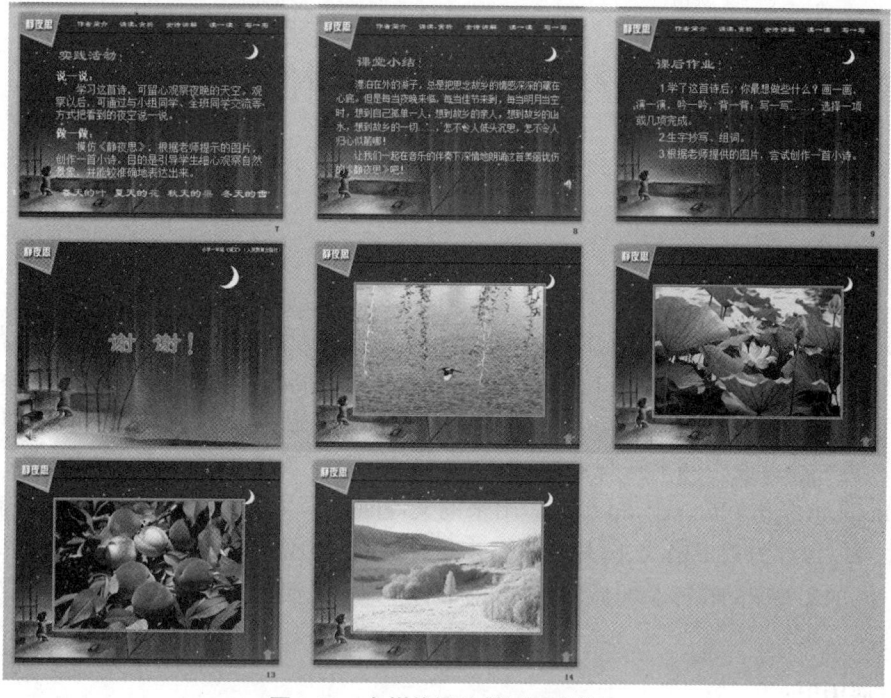

图1.12　多媒体课件《静夜思》截图

巩固练习

1.【单选题】多媒体课件在开发时要求必须使用多种媒体元素(　　　)
   A.对　　　　B.错
2.【单选题】多媒体课件在开发时其艺术性必须服务于教育性(　　　)
   A.对　　　　B.错
3.【多选题】评价多媒体课件质量的指标有:(　　　)
   A.科学性　　B.技术性　　C.艺术性　　D.教育性
4.【多选题】根据科学性要求,教师在开发课件时可以使用文字有:(　　　)
   A.繁体字　　B.简化字　　C.国标文字　D.网络符号文字(如"囧")
5.【分析论述】谈一谈评价多媒体课件的指标有哪些?
6.【分析论述】如图所示是一位中学教师设计的多媒体课件截图,请根据本节所学知识,分析与评述其存在的问题,并提出修改建议。注意分析评述时要有具体的指向,且无歧义,不可空洞无物。

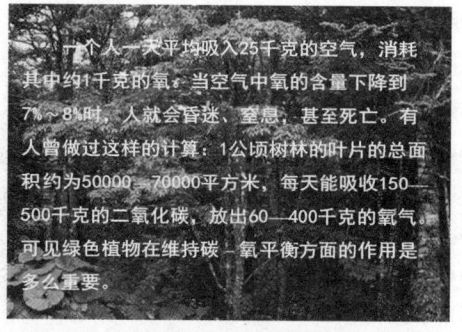

图1.13　多媒体课件《植物的呼吸》截图

第三节　多媒体课件制作工具

理 论 引 领

PowerPoint软件简介

　　Microsoft Office PowerPoint，简称PPT，是微软公司开发的演示文稿软件。使用者不仅可以在投影仪或者计算机上进行演示，也可以将演示文稿打印出来，制作成幻灯片，以便应用到更广泛的领域中。利用PPT不仅可以创建演示文稿，还可以在互联网上召开面对面会议、远程会议或在网上给观众展示。

　　Microsoft Office PowerPoint制作做出来的文件叫演示文稿，其格式后缀名为.ppt、.pptx或者也可以保存为PDF格式、图片格式等。PowerPoint 2010及以上版本中还可保存为视频格式。演示文稿中的每一页叫做幻灯片，每张幻灯片都是演示文稿中相互独立又相互联系的内容。

发展历史：

1984年，Forethought公司设计出了"PowerPoint"原始版本程序并作为新的产品项目进行开发。

1987年，Mac操作系统版的PowerPoint1.0版本上市。

同年，微软(Microsoft)以1,400万美元收购了该公司，并在1990年诞生了Windows系统版的PowerPoint2.0版本，主要产品系列如下：

Microsoft Windows版

PowerPoint 2.0 for Windows 3.0 (1990年)

PowerPoint 3.0 for Windows 3.1 (1992年)

PowerPoint 4.0 (Office 4.x) (1993年)

PowerPoint for Windows 95 (version 7.0) — (Office 95) (1995年)

PowerPoint 97 — (Office 97) (1997年)

PowerPoint 2000 (version 9.0) — (Office 2000) (1999年)

PowerPoint 2002 (version 10) — (Office XP) (2001年)

PowerPoint 2003 (version 11) — (Office 2003) (2003年)

PowerPoint 2007 (version 12) — (Office 2007) (2007年)

PowerPoint 2010 (version 14) — (Office 2010) (2010年)

PowerPoint 2013 (version 15) — (Office 2013) (2012年)

Mac OS版

PowerPoint 1.0 for Mac OS classic (1987年)

PowerPoint 2.0 for Mac OS classic (1988年)

PowerPoint 3.0 for Mac OS classic (1992年)

PowerPoint 4.0 for Mac OS classic (1994年)

PowerPoint 98 (8.0) for Mac OS classic (Office 1998 for Mac) (1998年)

PowerPoint 2001 (9.0) for Mac OS classic (Office 2001 for Mac) (2000年)

PowerPoint v. X (10.0) for Mac OS X (Office: Mac v. X) (2002年)
PowerPoint 2004 (11.0) for Mac OS X Office: Mac 2004 (2004年)
PowerPoint 2008 (12.0) for Mac OS X Microsoft Office 2008 for Mac (2008年)
PowerPoint 2011 (14.0) for Mac OS X Microsoft Office 2011 for Mac (2010年)

操 作 示 范

一、PowerPoint的安装

PowerPoint的版本众多，如今最常用的有2003、2007、2010和2013这几个版本，在本教程中将以PowerPoint2010为例来说明其安装与运行步骤。

1. 从微软官网(http://office.microsoft.com/zh-CN/)上下载Office软件安装包，PowerPoint软件包含在其中，双击并打开安装包里面的"setup.exe"安装程序。

> **技巧点拨：**
>
> 　　在安装时，既可以双击启动"setup.exe"安装程序，也可以利用鼠标右键单击选择快捷菜单中的"以管理员身份运行"。"以管理员身份运行"是Vista以上版本中新增加的功能。在这一系列版本中为了系统安全，很多程序是不允许administrator账户也就是管理员账户运行的，但这又将导致很多程序因为无法获得相关权限而无法运行，于是就出现了所谓的"兼容性问题"。一般右键以管理员身份运行后，本来不能运行的程序就可以正常运行了。所以在Vista以上版本中安装Office软件时，建议以右键单击选择"以管理员身份运行"这一方式来安装该软件。

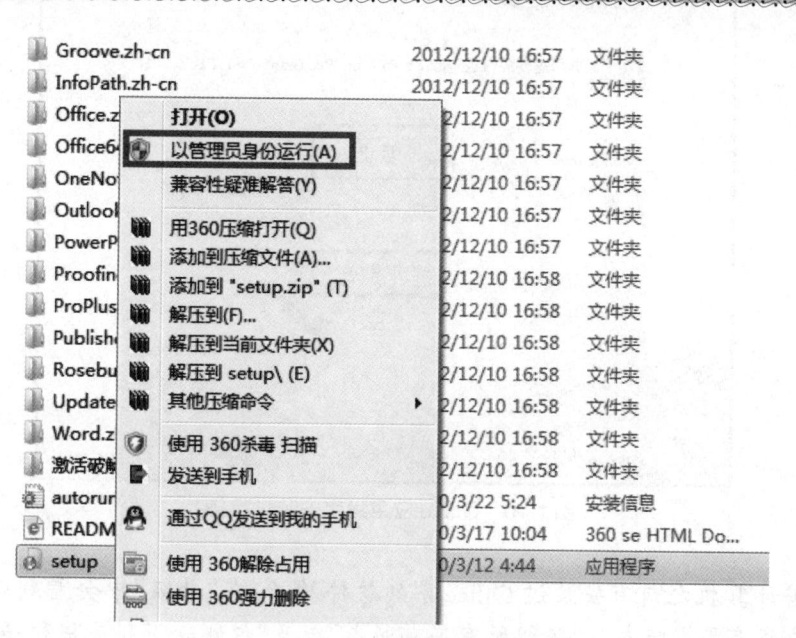

图1.14　Office应用程序安装过程(1)

运行"setup.exe"后,将出现如下图所示的界面:

图1.15　Office应用程序安装过程(2)

2. 选择安装类型,有两个按钮:"升级"与"自定义"。

"升级"是指使计算机中已安装的PPT版本升级为更高或更新的版本,这种安装适用于计算机中已经安装有Office软件的情况。"自定义"则是根据个人需求设置相关安装属性或选项。这里我们以点击"自定义"按钮为例来说明安装过程和下面的操作步骤。

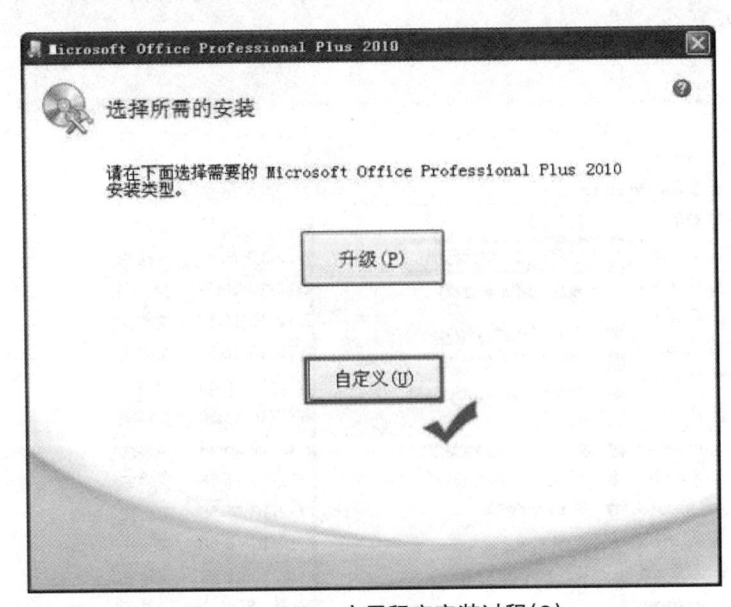

图1.16　Office应用程序安装过程(3)

3. 若计算机之前有安装过Office系列软件的话,在"升级"中会看到以下三个选项:"删除所有早期版本"、"保留所有早期版本"以及"仅删除下列应用程序"。

技巧点拨：

　　在同一台计算机中允许安装两个不同版本的 PowerPoint，只要在安装过程中选择如下图所示的"保留所有早期版本"。若计算机之前没有安装过 PowerPoint，则不会出现这一选项，此步骤即可省略。

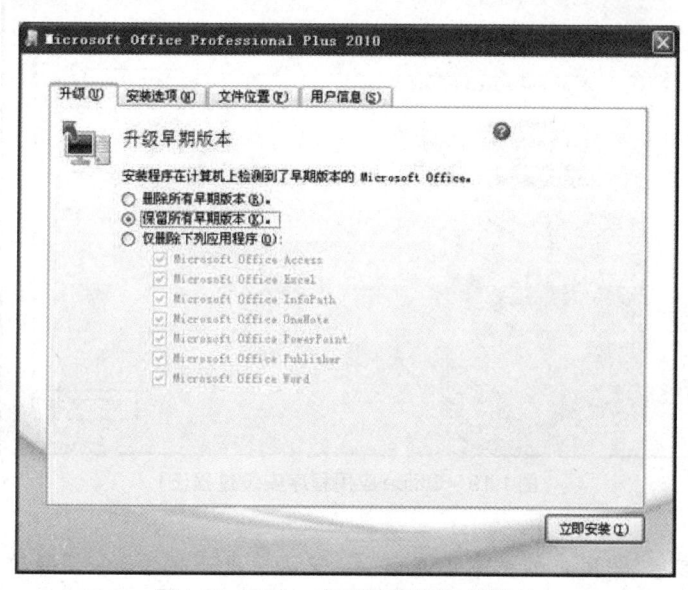

图1.17　Office应用程序安装过程(4)

　　4."安装选项"主要用于设置Office套件的安装与取消安装。安装过程中可以根据个人日常使用需要，将不用的Office套件取消安装，也可以不取消，则进行全部安装，当然全部安装会占用大量的磁盘存储空间。作为普通使用者，在这一步骤中如果没有其他要求可保持其默认设置。

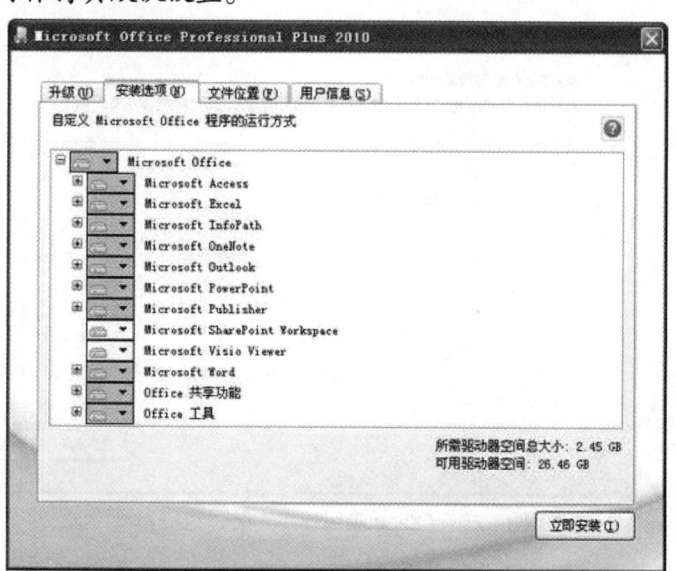

图1.18　Office应用程序安装过程(5)

5. "文件位置"中选项主要用于设置安装Office具体位置。默认情况下是将Office安装于系统盘,即C盘。由于Office安装后所需的空间较大,建议选择计算机上的其他盘作为安装盘。点击"浏览"按钮,则可以自定义Office的安装路径。

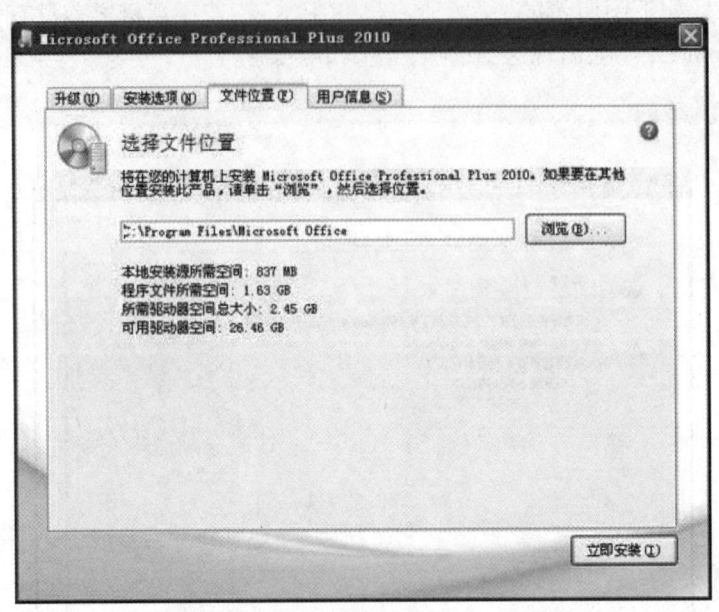

图1.19　Office应用程序安装过程(6)

6. "用户信息"即用户的基本信息设置,默认情况下填写的是"微软用户",安装设置时可以根据自己的需要修改为个人信息,当然也可以用默认设置。

完成以上设置后,只需要点击右下角的"立即安装"按钮,就可以开始进行安装。

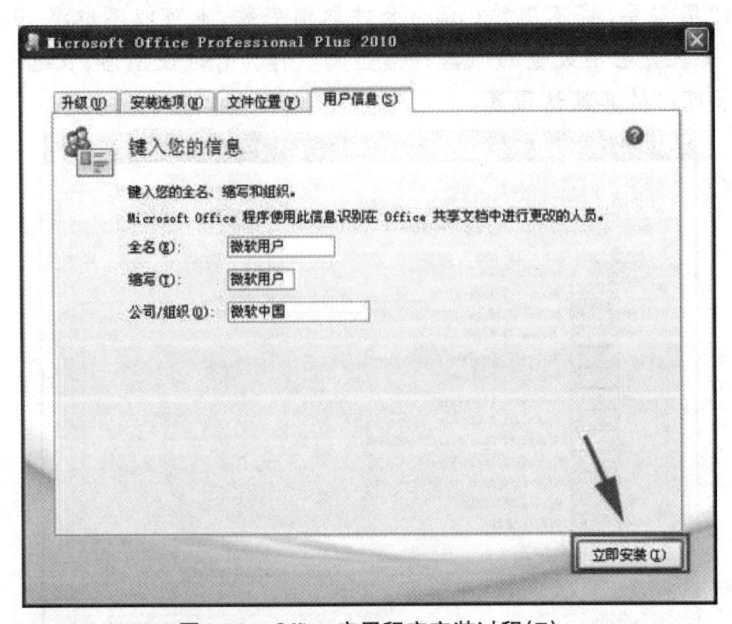

图1.20　Office应用程序安装过程(7)

7. 耐心等待安装,安装完成后,会出现以下界面,点击"关闭"即可。

图1.21　Office应用程序安装过程(8)

二、PowerPoint的启动

在计算机上安装完Office套件后，可以通过以下四种方法启动PowerPoint软件：

1. 通过"开始"菜单启动：

单击计算机桌面左下角"开始"按钮，在弹出的菜单中选择【所有程序】/【Microsoft Office】/【Microsoft PowerPoint 2010】命令即可启动。

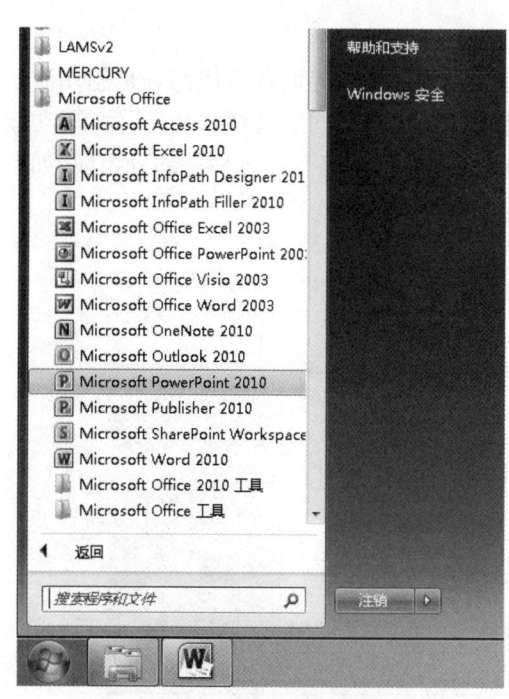

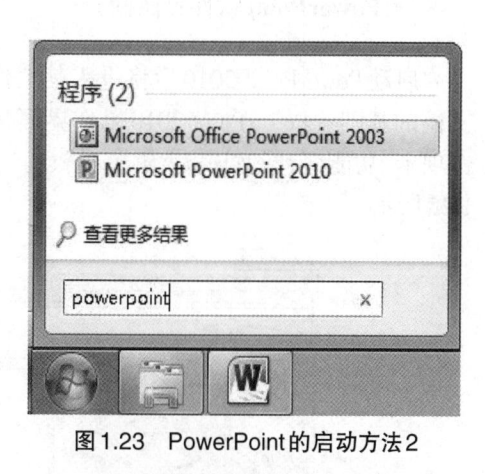

图1.22　PowerPoint的启动方法1

图1.23　PowerPoint的启动方法2

图1.24　PowerPoint的启动方法3

2. 单击"开始" 按钮,在其最下方找到"搜索程序和文件",在搜索框内输入"PowerPoint",然后点击回车,就可以用命令方式启动 PowerPoint 软件。

3. 如果在计算机桌面上有 PowerPoint 软件的快捷图标,可以双击图标启动 PowerPoint 软件。

> **技巧点拨：**
> 　　在"开始"菜单的 PowerPoint 2010 启动选项上单击鼠标右键,在弹出的快捷菜单中选择【发送到】/【桌面快捷方式】命令,即可在桌面上创建快捷图标。

4. 打开任何一个 PowerPoint 的文档也可以启动 PowerPoint 软件。

三、PowerPoint 的退出

当制作完成或不需要使用 PowerPoint 软件编辑演示文稿时,可对软件执行退出操作,将其关闭。退出的方法是:在 PowerPoint 2010 工作界面标题栏右侧单击"关闭" 按钮或选择【文件】/【退出】命令退出 PowerPoint 2010。

理论引领

一、PowerPoint 软件界面简介

启动 PowerPoint 2010 后将进入其工作界面,熟悉其工作界面各组成部分是制作演示文稿的基础。PowerPoint 2010 工作界面是由标题栏、快速访问工具栏、"文件"菜单、功能选项卡、功能区、"幻灯片/大纲"窗格、幻灯片编辑区、备注窗格和状态栏等部分组成,如图 1.25 所示。

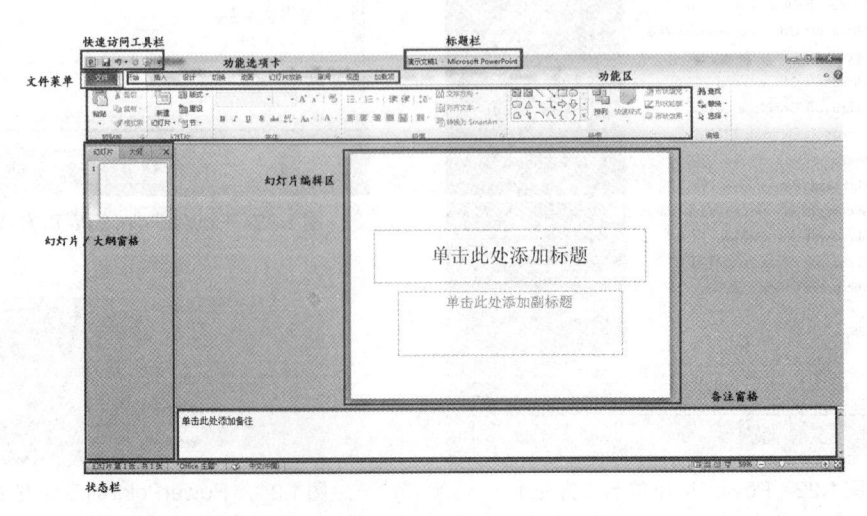

图 1.25　PowerPoint 2010 工作界面

1. 标题栏

位于PowerPoint工作界面的顶部,它用于显示演示文稿名称和程序名称,最右侧的3个按钮分别用于对窗口执行最小化、最大化和关闭操作。与其他Windows窗口的作用与风格类似,主要用来说明文件名和执行软件。

2. 快速访问工具栏

快速访问工具栏是一个可自定义的工具栏,位于窗口的左上角,它包含一组独立于当前所显示的选项卡的命令。可以向快速访问工具栏中添加表示命令的按钮,还可以自定义移动快速访问工具栏。默认情况下,该工具栏上提供了最常用的"保存"按钮、"撤销"按钮和"恢复"按钮,单击对应的按钮可执行相应的操作。

3. "文件"菜单

"文件"菜单用于执行PowerPoint演示文稿的新建、打开、保存和退出等基本操作;该菜单右侧列出了用户最近使用的演示文稿名称。

4. 功能选项卡

相当于菜单命令,它将PowerPoint 2010的所有命令集成在几个功能选项卡中,选择某个功能选项卡可切换到相应的功能区,共有9项,分别为:开始、插入、设计、切换、动画、幻灯片放映、审阅、视图、加载项。

5. 功能区

此工具栏位于"文件"菜单栏和功能选项卡下方,分别与每个菜单对应,在功能区中有许多能自动适应窗口大小的工具栏,不同的工具栏中又放置了与此相关的命令按钮或列表框,用以帮助用户快速找到每个任务的命令。

6. 幻灯片/大纲窗格

大纲/幻灯片窗格位于窗口左侧,用于显示演示文稿的幻灯片数量及位置,通过它可更加方便地掌握整个演示文稿的结构。在"幻灯片"窗格下,将显示整个演示文稿中幻灯片的编号及缩略图;在"大纲"窗格下列出了当前演示文稿中各张幻灯片中的文本内容。

7. 幻灯片编辑区

幻灯片编辑区是工作区,占据窗口的大部分,是整个工作界面的核心区域,用于显示和编辑幻灯片,用户可在其中进行文字和图片的处理以及动画效果的设置等。

8. 备注窗格

备注窗格位于幻灯片编辑区下方,可供幻灯片制作者或幻灯片演讲者查阅该幻灯片信息或在播放演示文稿时对需要的幻灯片添加说明和注释。

9. 状态栏

状态栏位于工作界面最下方,用于显示演示文稿中所选的当前幻灯片以及幻灯片总张数、幻灯片采用的主题、语言、视图切换按钮以及页面显示比例等。

二、PowerPoint的视图介绍

为满足用户不同的需求，PowerPoint 2010提供了两大类视图模式以编辑查看幻灯片："演示文稿视图"和"母版视图"。其中演示文稿视图包括：普通视图、幻灯片浏览、备注页、阅读视图；母版视图则包括：幻灯片母版、讲义母版、备注母版。

> **技巧点拨：**
> 在PowerPoint 2010中可以通过以下两种方法找到并切换PowerPoint的视图模式：
> 1. 通过"视图"选项卡上的"演示文稿视图"组和"母版视图"组找到并切换视图模式。
> 2. PowerPoint窗口底部有一个易用的栏，提供了各个主要视图（普通视图、幻灯片浏览视图、阅读视图和幻灯片放映视图）的切换按钮，如图1.26所示。
>
> 图1.26　PowerPoint的视图切换

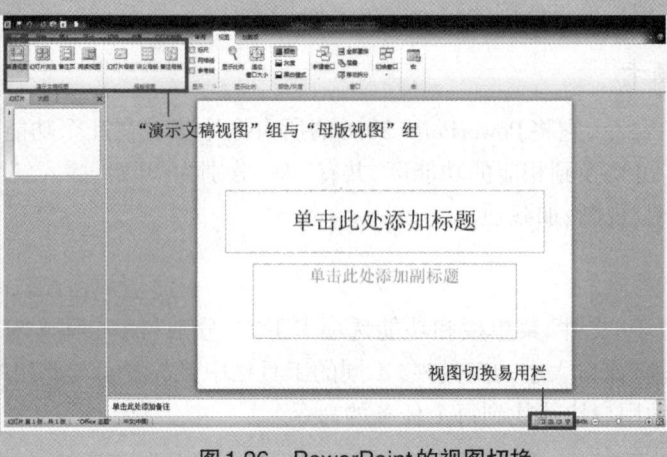

1. 演示文稿视图

（1）普通视图

普通视图是主要的编辑视图，可用于撰写和设计演示文稿。普通视图有四个工作区域：

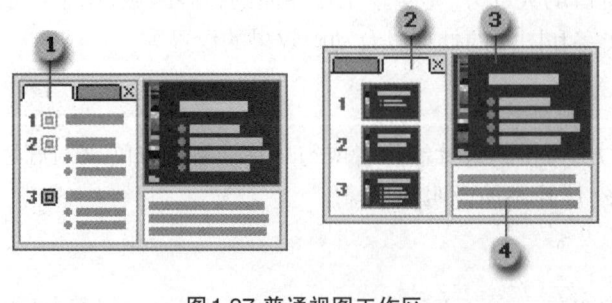

图1.27 普通视图工作区

①大纲选项卡：以大纲形式显示幻灯片文本。

②幻灯片选项卡：在编辑时以缩略图形式来显示演示文稿中的幻灯片，这样可以方便地遍历演示文稿，并观看任何设计更改后的效果。此外，在这个区域还可以轻松地重新排列、添加或删除幻灯片。

③幻灯片窗格：在PowerPoint窗口的右上方，"幻灯片"窗格显示当前幻灯片的大视图。在此视图中显示当前幻灯片时，可以添加文本、插入图片、表格、SmartArt图形、图表、图形对象、文本框、音频、视频、动画以及制作超链接等。

④备注窗格:在"幻灯片"窗格下的"备注"窗格中,可以输入要应用于当前幻灯片的备注信息,以帮助今后在打印或放映演示文稿时进行参考和提示。

(2)幻灯片浏览视图

幻灯片浏览视图可让我们以缩略图形式查看幻灯片。通过这种视图模式,在创建演示文稿以及准备打印演示文稿时,可以轻松地对演示文稿的顺序进行排列和组织。此外,还可以在幻灯片浏览视图中添加"节",并按不同的类别或"节"对幻灯片进行排序。

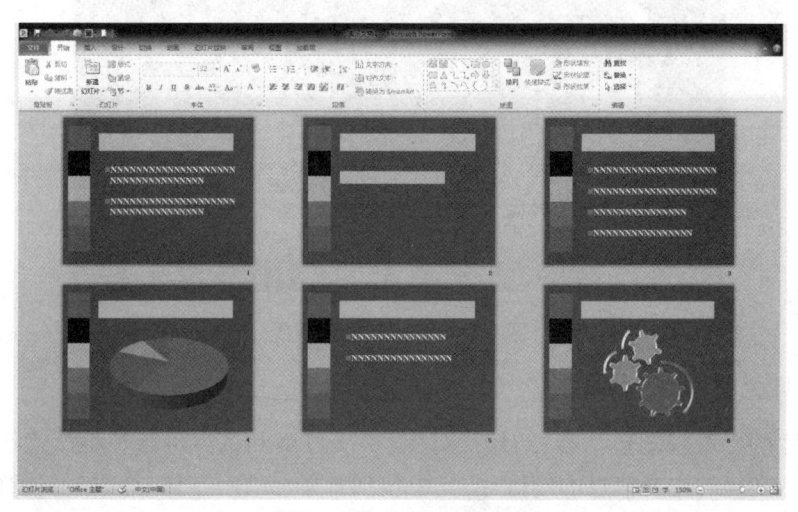

图1.28 幻灯片浏览视图

(3)备注页

"备注"窗格位于"幻灯片"窗格正下方。在这个区域中可以输入要应用于当前幻灯片的备注信息。

技巧点拨:
　　在"视图"选项卡上的"演示文稿视图"组中,单击"备注页"则可以整页格式查看和使用备注。

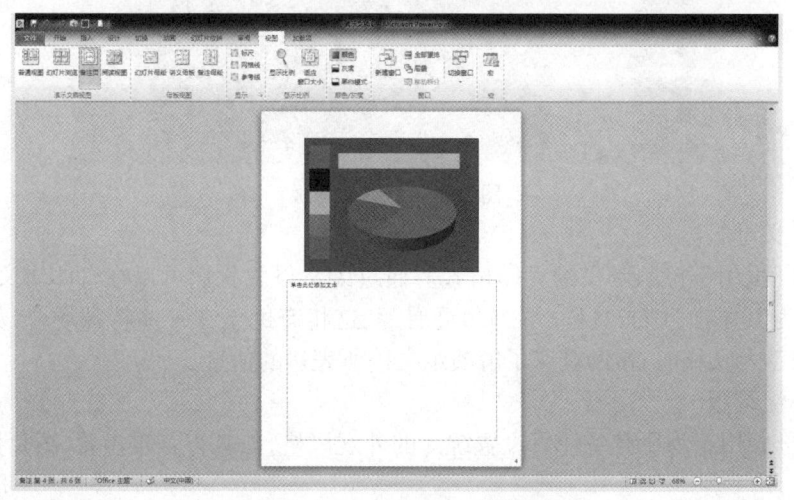

图1.29 幻灯片备注页视图

(4)阅读视图

阅读视图用于自己在个人计算机查看演示文稿,而不是向受众(例如通过大屏幕)放映演示文稿,这是一种非全屏的幻灯片放映视图,在放映时如果要更改演示文稿,可随时从阅读视图切换至某个其他视图。

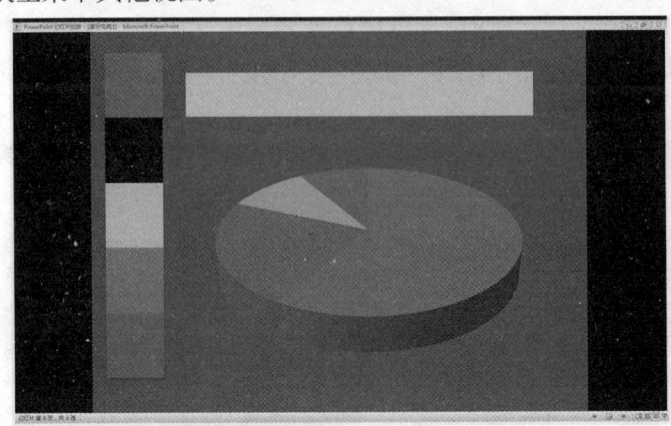

图1.30　幻灯片阅读视图

2. 母版视图

幻灯片的母版视图包括有:幻灯片母版、讲义母版和备注母版三种模式。它们是存储有关演示文稿的主要信息的幻灯片,其中包括背景、颜色、字体、效果、占位符大小和位置。使用母版视图的一个重要优点在于,在幻灯片母版、备注母版或讲义母版上,可以对与演示文稿关联的每个幻灯片、备注页或讲义的样式进行全局更改。

(1)幻灯片母版

幻灯片母版视图可以为演示文稿的标题幻灯片设置背景、占位符以及其他的图片、图形等对象,可确定演示文稿中所有幻灯片的外观风格。

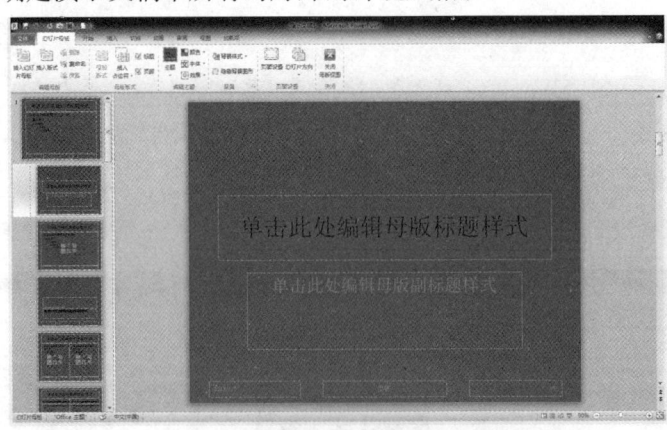

图1.31　幻灯片母版

(2)讲义母版

讲义母版用于控制讲义的打印格式。通过讲义母版我们可以在打印讲义过程中十分方便地为其添加日期、页码、页脚和页眉等,这将有助于在一些特殊场合(如会议、教学)中放映演示文稿时,帮助观众了解演示文稿所表达的信息。

(3)备注母版

备注母版用于为所有备注页设置统一的外观风格,如进行背景设置、图片插入、图形绘制等。

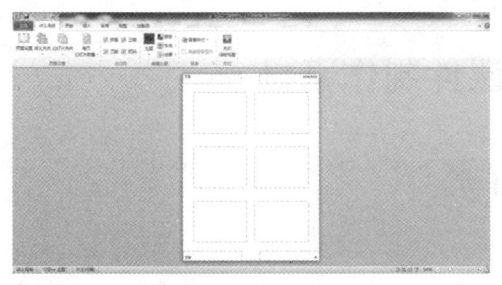

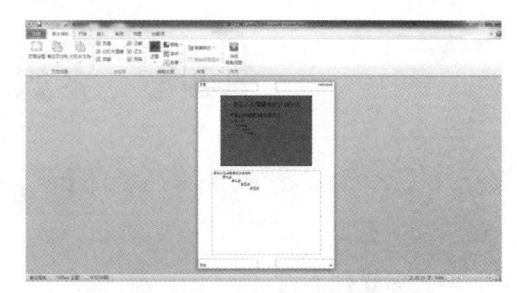

图1.32 幻灯片讲义母版　　　　　　　图1.33 幻灯片备注母版

巩 固 练 习

1.【单选题】下列哪一个视图不属于演示文稿视图组?(　　　)
　A.普通视图　　B.幻灯片浏览视图　　C.备注母版　　D.备注页视图
2.【单选题】下列哪一个视图不属于母版视图组?(　　　)
　A.讲义母版　　B.幻灯片母版　　C.备注母版　　D.备注页视图
3.【单选题】在演示文稿中,如果仅需要查看幻灯片内的文字信息,而不需要查看其缩略图内容,则可以选择下列哪一个选项卡?(　　　)
　A.大纲选项卡　　B.幻灯片选项卡
4.【单选题】在演示文稿制作时,如果在每一页幻灯片上添加版权信息,则可以在下列哪一种视图模式中进行操作?(　　　)
　A.讲义母版　　B.幻灯片母版　　C.备注母版　　D.备注页视图
5.【填空题】PowerPoint 2010的功能选项卡包括有:开始、_____、_____、_____、_____、_____、审阅、_____和加载项。
6.【填空题】请填写如下图所示的幻灯片普通视图工作区各部分的名称:

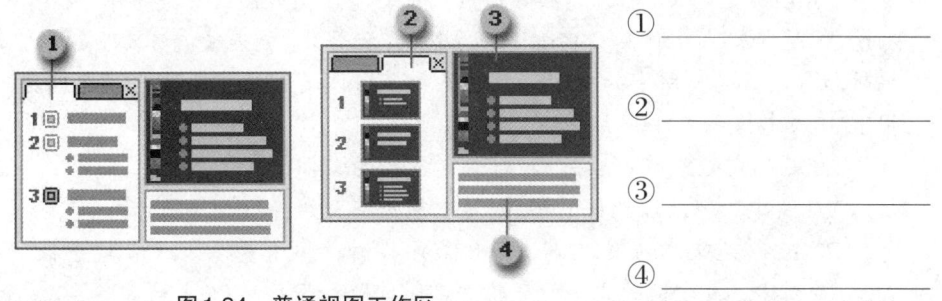

① _____

② _____

③ _____

④ _____

图1.34 普通视图工作区

第四节　多媒体课件制作素材

理论引领

一、多媒体素材

多媒体素材是指多媒体课件以及多媒体相关工程设计中所用到的各种视觉和听觉工具材料。多媒体素材是多媒体课件的基本组成元素，是承载并传递信息的基本单位，是组装其他学习资源（如课件、案例、网站等）的"元件"。

一般根据多媒体素材在磁盘上存放的文件格式不同，将其划分为文本、图形图像、动画、声音和视频等五大类型。

图1.35　多媒体素材的五大类型

二、文本

文本主要包括字母、数字和符号，它是多媒体课件中非常重要的一部分，多媒体课件中概念、定义、原理的阐述、问题的表述、标题、菜单、按钮、导航等都离不开文本信息。

> **技巧点拨：常用的文本格式和特点**
>
> .TXT：纯文本文件，它是无格式的。即文件里没有任何有关字体、大小、颜色、位置等格式化信息。Windows系统的"记事本"就是支持TXT文本的编辑和存储工具。所有的文字编辑软件和多媒体集成工具软件均可直接调用TXT文本格式文件。
>
> .DOC/.DOCX：Word字处理软件所使用的文件格式。
>
> .WPS：中文字处理软件的格式，其中包含特有的换行和排版信息。
>
> .RTF：以纯文本描述内容，能够保存各种格式信息，可以用写字板、Word等创建。大多数的文字处理软件都能读取和保存RTF文档。

三、图形图像

计算机中的图形是数字化的，是矢量图。矢量图形是通过一组指令集来描述的，这些指令描述构成一幅图的所有直线、圆、圆弧、矩形、曲线等的位置、维数、大小和形状。矢量图一般是利用计算机绘图程序产生，主要用于线形的图画、美术字、工程制图等。

技巧点拨：常用的图形格式和特点

.JPG：最常用图形压缩文件格式。
.GIF：网页制作中常使用的文件格式。
.TIF：印刷行业常用文件格式。
.PSD：Photoshop 编辑图形源文件格式。
.CDR：CorelDraw 制作生成的文件格式。
.EPS：Illustrator 制作生成的文件格式。

提到图像一般是指位图，它是由描述图像中各个像素点的强度与颜色的数位集合组成的。位图图像适合表现比较细致，层次和色彩比较丰富，包含大量细节的图像。生成位图图像的方法有多种，最常用的是利用绘图的软件工具绘制，用指定的颜色画出每个像素点来生成一幅图像。

技巧点拨：常用的图像格式和特点

.BMP：Bitmap 的缩写。BMP 图像文件是几乎所有 Windows 环境下的图形图像软件都支持的格式。这种图像文件将数字图像中的每一个像素对应存储，一般不使用压缩方法，因此 BMP 格式的图像文件都较大，特别是具有 24 位色深（2 的 24 次方种颜色）的真彩色图像更是如此。由于 BMP 图像文件的无压缩特点，在多媒体课件或多媒体节目制作中，通常不直接使用 BMP 格式的图像文件，只是在图像编辑和处理的中间过程使用它保存最真实的图像效果，编辑完成后转换成其他图像文件格式，再应用到多媒体课件或多媒体节目制作中。

.PNG：Portable Network Graphics，PNG 图像文件格式提供了类似于 GIF 文件的透明和交错效果。它支持使用 24 位色彩，也可以使用调色板的颜色索引功能。可以说 PNG 格式图像集中了最常用的图像文件格式（如 GIF、JPEG）的优点，而且它采用的是无损压缩算法，保留了原来图像中的每一个像素信息。

四、动画

动画是通过一系列彼此有差别的单个画面来产生运动画面的一种技术，通过一定速度的播放可达到画中形象连续变化的效果。要实现动画首先需要有一系列前后有微小差别的图形或图像，每一幅图片称为动画的一帧，它可以通过计算机产生和记录。只要将这些帧以一定的速度放映，就可以得到动画，这种方式得到的动画称为"逐帧动画"。

在教学中，往往需要利用动画来模拟事物的变化过程，说明科学原理，尤其是二维动画，在教学中应用较多。在许多领域中，利用计算机动画来表现事物甚至比电影的效果更好。因此，较完善的多媒体课件都可以考虑配上恰当的动画以加强课件效果。

> **技巧点拨：常用的动画格式和特点**
>
> .FLA：Flash源文件格式。在Flash中，大量的图形是矢量图形，因此在放大与缩小的操作中没有失真，它制作的动画文件所占的体积较小。Flash动画编辑软件功能强大，操作简单，易学易用。但这种文件格式的动画不能直接插入到PowerPoint中播放。
>
> .SWF：Flash动画发布文件格式，可直接插入到PowerPoint中播放。
>
> .GIF：常见的二维动画格式，可直接插入到PowerPoint中播放。

五、声音

声音通常有语音、音效和音乐等三种形式。语音指人们讲话的声音；音效指声音的特殊效果，如雨声、铃声、机器声、动物叫声等等，它可以是从自然界中录制的，也可以采用特殊方法人工模拟制作；音乐则是一种最常见的声音形式。

在多媒体课件中，语言解说与背景音乐是多媒体课件中重要的组成部分之一，通常有三类声音，即波形声音、MIDI和CD音乐，而其中波形声音应用较其他两类要多。

> **技巧点拨：常用的声音格式和特点**
>
> .WAV：波形声音文件格式，它是通过对声音采样生成。
>
> .MID：MIDI声音文件格式，MIDI(乐器数字接口)是一个电子音乐设备和计算机的通讯标准。MIDI数据不是声音，而是以数值形式存储的指令。MIDI数据是依赖于设备的，MIDI音乐文件所产生的声音取决于用于放音的MIDI设备。
>
> .MP3：以MPEG Layer 3标准压缩编码的一种音频文件格式。MPEG编码具有很高的压缩率，我们通过计算可以知道，一分钟CD音质(44100Hz，16Bit，2 Stereo，60 Second)的WAV文件如果未经压缩需要10兆左右的存储空间。MPEG Layer 3的压缩率高达1：12。以往1分钟左右的CD音乐经过MLPEG Layer 3格式压缩编码后，可以压缩到1兆左右的容量，其音色和音质还可以保持基本完整而不失真。

六、视频

视频与动画一样，由连续的画面组成，只是画面是自然景物的动态图像。视频一般分为模拟视频和数字视频。多媒体素材中的视频指数字化的活动图像。VCD光盘存储的就是经过量化采样压缩生成的数字视频信息。

视频文件是由一组连续播放的数字图像和一段随连续图像同时播放的数字伴音共同组成的多媒体文件。其中的每一幅图像称为一帧，随视频同时播放的数字伴音简称为"伴音"。

技巧点拨：常用的视频格式和特点

．AVI：Audio Video Interleave，Microsoft公司开发的一种伴音与视频交叉记录的视频文件格式。在AVI文件中，伴音与视频数据交织存储，播放时可以获得连续的信息。这种视频文件格式灵活，与硬件无关，可以在PC机和Microsoft Windows环境下使用。

．VOB：DVD视频文件存储格式。

．DAT：VCD视频文件存储格式。

．WMV：MPEG编码视频文件。

．MPEG：同上。

．RM：实时声音(Real Audio)和实时视频(Real Video)是在计算机网络应用中发展起来的多媒体技术，它可以为使用者提供实时的声音和视频效果。Real采用的是实时流(streaming)技术，它把文件分成许多小块像工厂里的流水线一样下载。用户在采用这种技术的网页上欣赏音乐或视频，可以一边下载一边用Real播放器收听或收看，不用等整个文件下载完才收听或收看。Real格式的多媒体文件又称为实媒体(Real Media)或流格式文件，其扩展名是.RM、.RA或.RAM。在多媒体网页的制作中，已成为一种重要的多媒体文件格式。

巩固练习

1.【单选题】适用于表现细节、层次以及丰富色彩的是：（　　）
  A.图形　　B.图像
2.【多选题】文本是多媒体课件中非常重要的一部分，主要包括：（　　）
  A.字母　　B.符号　　C.数字　　D.表格
3.【多选题】可以直接插入PowerPoint中播放的动画文件格式有：（　　）
  A.SWF　　B.FLA　　C.GIF　　D.PSD
4.【填空题】一般根据多媒体素材在磁盘上存放的文件格式不同，划分为_____、_____、_____、_____和_____等五大类型。
5.【填空题】声音通常包含有_____、_____和_____三种形式。
6.【填空题】视频一般分为_____和_____，多媒体素材中的视频指_____。
7.【名词解释】矢量图形
8.【名词解释】图像

模块二　多媒体课件的脚本设计

【学习目标】

知识目标

能说出多媒体课件脚本的概念与作用；

能阐述多媒体课件脚本设计的原则、内容与编写要求。

技能目标

能结合实例，对多媒体课件脚本进行评价；

能根据课件开发需要，设计课件脚本情感态度价值观目标；

感受课件脚本设计过程中蕴含的系统化设计思想，形成对优质课件脚本的初步认识及创作多媒体课件脚本的意愿。

【重难点】

能结合实例，对多媒体课件脚本进行评价

能根据课件开发需要，设计课件脚本

第一节　多媒体课件脚本概述

理论引领

一、多媒体课件脚本

多媒体课件脚本是详细的课件实施方案，是将课件的教学内容、教学策略进一步具体化，是对在计算机屏幕上如何组织整个教学活动的描述，主要包括课件中呈现的信息、画面设计、交互方式、学习过程的控制等。

由于多媒体课件的设计主要包括教学设计和课件的系统设计，所以分别用文字脚本和制作脚本两种形式进行描述。

文字脚本是多媒体课件"教什么"、"如何教"和"学什么"、"如何学"的文字描述，是按照教学过程的先后顺序，描述每一环节的教学内容及其呈现方式的一种形式，主要包括教学目标的分析、教学内容和知识点的确定、学习者特征的分析、学习模式选择、教学策略的制订、媒体的选择等。文字脚本一般是由教师自行编写而成的，它体现了多媒体课件的教学设计情况。

制作脚本是在文字脚本的基础上创作的，它不是直接地、简单地将文字脚本形象化，而是要在吃透了文字脚本的基础上，依据教育科学理论和教学设计思想，进行课件交互式界面以及媒体表现方式的设计，根据多媒体表现语言的特点反复构思，将文字脚本进一步改编成适合于计算机实现的形式。制作脚本将画面与解说词对应地写出来，即把程序要完成的事情，用文字表达出来，帮助课件制作者了解制作意图。其主要内容是教学中希望计算机做哪些事，要有哪些文本、图形图像、动画、声音、视频等在课件中出现，希望出现什么效果，以及对各种媒体出现、结束的大概要求等。制作脚本细致地描述了每一个模块的实现过程，是开发多媒体课件的依据，因此制作脚本要清晰易懂，且要指明程序中的重点和要点。

二、多媒体课件脚本的作用

多媒体课件脚本实现了从面向教学策略的设计到面向计算机软件实现的过渡，是沟通教学设计与课件制作的桥梁，编写脚本是多媒体教学课件开发过程的一个不可缺少的环节，在课件开发中起着非常重要的作用：

1. 脚本是课件设计思想的具体体现

每个人在制作课件时，都会有自己的设计思想，这种设计思想正是以脚本的形式体现出来的。它是正确理解和正确制作课件的基础，如果不编写脚本而直接制作课件，往往会造成前后思想不统一、设计界面不协调、色彩搭配混乱等现象，辛辛苦苦做完之后，不能得到很好的利用，造成人力和物力的浪费。

2. 脚本是多媒体课件制作的直接依据

脚本中应给出各种教学信息，学生的应答、对答的判断、处理和评价以及交互控制方式等内容，同时对课件制作中的各种要求和指示给予表示。例如，课件运行时各种内容的显示及其位置的排列，显示的特点（颜色、动画）和方法，即课件制作人员要从脚本中得到编程的指示和要求。课件制作只是在实现脚本设计时提出的蓝图，脚本设计是保证课件质量、提高课件开发效率的重要手段，没有优秀的脚本，就不可能形成优秀的课件。

3. 脚本帮助完成每一帧屏幕的界面设计

界面设计是对课件运行时每一屏幕中的各种信息的排列格式和显示特点的设计。当然,对某一屏幕的设计,不能只考虑这一帧画面,还应该基于整个课件的设计思想和设计要求,使画面具有统一性、连续性和系统性。

4. 脚本是检查课件的有力依据

一个课件制作完成之后,需要到实际的教学环境中试用,发现问题及时解决,通过对教学效果的评价进一步优化软件结构及内容,也就是说课件都要有一个修改的过程。如果没有脚本的指导,修改工作将变得非常复杂,常常会感到无从下手,更为致命的是盲目修改有时会造成整个软件的混乱和崩溃。只有认真编写脚本,依据脚本进行检查和修改,才能做到有条不紊。因此,我们在制作课件之前都要按照一定的方法编写出合适的脚本。

三、多媒体课件脚本设计与编写原则

1. 目的性原则

多媒体课件辅助课堂教学,其主要目的是为了突出教学重点,突破教学难点,解决某些用传统教学方法解决不了的教学问题,实现预期的教学目标。因此,在编写课件脚本时必须围绕教学目标来进行。

案例:《五彩池》脚本

在编写《五彩池》课件脚本时,先明确文中的重难点是五彩池五彩的原因。要解决这个重难点,用一般的方法是很难讲清楚的。如果在课件中设置一个光的折射原理界面,化抽象为具体,难点就迎刃而解了。于是,在脚本编写中加入了这样一个界面:三棱镜折射七色光的动画慢镜头。结果,据此脚本制作的课件运用到课堂教学中,收到了较好的教学辅助效果。

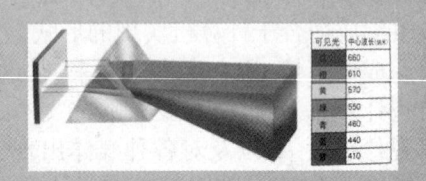

图2.1 三棱镜折射七色光

2. 可操作性原则

制作一个多媒体课件往往需要一些图形图像、音视频、动画等素材,在编写脚本时要充分考虑自己所拥有的素材和可能获取、加工的素材,即要充分考虑课件脚本制作的可操作性。如果我们花费了大量的时间和精力编写了一个看上去很美的课件脚本,到制作时却发现找不到或者不能加工处理相应的素材,课件脚本将会被束之高阁或者临阵修改,另换素材。这样不仅浪费了大量的时间和精力,而且据此制作的课件还很难起到预期的辅助教学作用。

3. 科学性原则

课件脚本的编写不比写抒情散文,它不需要华丽的辞藻,讲究的是科学实用。通常运用表格的形式,用简洁的文字把需要实现的教学目标、使用的媒体形式、展示的教学信息、信息呈现方式、需要时长等说明清楚即可。

案例：多媒体课件脚本案例节选

模块序号	2	页面内容简要说明	系统主界面
屏幕显示	系统界面的主界面 欢迎词 菜单按钮			
说明	1、欢迎词为："欢迎您来到商丘" 2、交互菜单按钮共有三个：商丘简介、音乐控制、拼拼游戏；在商丘简介的二级菜单中有简介、景区、商丘视频简介和退出。			

模块序号	3	页面内容简要说明	长城图片
屏幕显示	出示几幅长城的图片 配上音乐 最后出示"我爱万里长城"			
说明	1、图片加上特效，每两秒显示一张图片 2、最后音乐停止，单击后显示"我爱万里长城"。			

图2.2　多媒体课件脚本案例节选

4. 趣味性原则

如何激发不同年龄阶段学生的求知欲，激发他们学习的主动性和积极性，是教师在编写课件脚本时应当充分考虑的问题。在课件设计的素材选取和信息呈现方式上，特别要注意凸显"新"、"奇"、"趣"，全面调动学生眼、耳、口、脑、手等多种器官，激发其强烈的求知欲并形成积极的学习动机，主动参与到学习活动中来。

5. 开放性原则

课件脚本编写的开放性原则包含两层含义。一是指在编写脚本时要充分考虑不同层次学生的情况，进行不同要求、不同难度的设计，满足不同层次学生的学习需求，在课件中留给学生足够的独立思维空间，使他们都能学有所得。二是指设计出来的课件要具有较大的适用性，不仅教师自己能用，而且其他教师根据自己的需要，对课件中的资料稍加裁剪也可方便地使用，这样就可以大大提高课件的使用率。

6. 规范性原则

编写课件脚本的规范性原则，是指在编写脚本的过程中要考虑保持课件整体风格的一致性。每一个模块的教学信息应当合理，行文简洁明了，风格一致，字形和字体大小适当，色彩柔和，重点突出。编写课件脚本可以使用不同的格式，但必须规范，而且要便于脚本各项内容的表达。这些内容包括如下三个主要方面：

(1)显示信息。指屏幕上将要显示的教学信息、反馈信息和操作信息。

(2)注释信息。说明显示信息呈现的时间、位置和条件。

(3)逻辑编号。显示信息常常是以屏幕为单位来表述的，为了说明它们之间的链接关系，每一个显示单位应有一个逻辑编号，以便说明链接时使用。在编写课件脚本时严格遵守规范性原则，可以大大节省课件制作的时间和精力。

四、多媒体课件脚本设计与编写注意事项

一个精美的课件必定有一个优秀的脚本,蹩脚的脚本即使交给再高明的制作者制作的也只能是劣质的课件。我们在脚本设计时要注意以下几个问题:

1. 脚本不是教案

我们制作课件时需要的脚本,不是描述课堂教学内容与教学过程,而是课件的具体操作过程。很多新手制作出来的脚本是教案式的,在其所设计的脚本中,所描述的过程就是整堂课的过程,看起来似乎很完整,很具体,但这并不利于制作课件。

2. 脚本不能是简单的资料堆积

在有些脚本中几乎全都是课件所需的材料,而关于这些材料的组织以及它们如何出现或在哪里出现的内容却很少。这种脚本是简单的资料堆积,对于课件制作也没有多少价值。

案例观摩

一、多媒体课件文字脚本范例

案例:汉字概述

课件名称:汉字概述
设计者:XXX
课件简介:通过文字、图表、图像、声音等方式,使学生对汉字的性质、起源、形体、构造等有一个形象、直观的认识,形成清晰、完整的汉字知识体系。
教学对象:汉语言文学专业大学一年级学生

教学目标:
1.了解汉字形体演变的特点、趋势、汉字标准化等基本知识。
2.掌握汉字性质、起源、演变阶段以及汉字构造理论。

教学内容:

知识单元	内容	知识点
1	汉字的性质	表意文字
2	汉字的起源	仓颉造字、结绳记事
3	汉字的形体	演变阶段、特点、趋势
……	……	……

教学策略：

知识单元	内容	教学方法	教学模式	教学程序	使用媒体
1	汉字的性质	讲授（指导）	集体教学	传递接受	文字、声音
2	汉字的起源	讲授（指导）	集体教学	传递接受	图表、图像
3	汉字的形体	讲授（指导）	集体教学	传递接受	动画等
……	……	……	……	……	……

二、多媒体课件制作脚本范例

案例：汉字概述

课件整体结构图

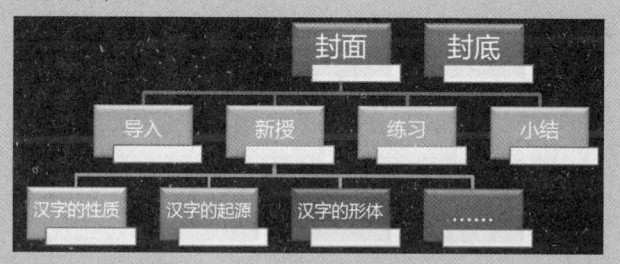

图2.3 《汉字概述》课件整体结构图

幻灯片脚本范例

页面序号	2	页面内容简要说明	汉字性质的介绍
屏幕显示	汉字的性质 任何一种文字都是记录语言的符号系统，当然，汉字是记录汉语的符号系统。 世界上的文字类型： 音素文字、音节文字、表意文字，汉字是表意文字。			
说明	背景图案：应用设计模板 标题"汉字的性质"采用加粗隶书字，并以动画方式出现，由左向右飞入，时间间隔为2s。 正文文字单击时逐条出现。 点击导航界面的"汉字的性质"按钮进入该界面，点击返回按钮返回到导航界面。			

巩固练习

1.【单选题】多媒体课件开发的直接依据是:(　　　)
　　A.文字脚本　　　B.分镜头脚本　　C.制作脚本
2.【多选题】多媒体课件脚本一般包括:(　　　)
　　A.文字脚本　　　B.分镜头脚本　　C.制作脚本
3.【判断题】多媒体课件脚本实质上就是包含教学内容和教学过程的教学设计。(　　)
　　A.正确　　　　B.错误
4.【填空题】多媒体课件脚本设计与编写时应遵循的原则主要包括：_____、_____、科学性、趣味性、_____、规范性。
5.【名词解释】多媒体课件脚本
6.【分析论述】结合实例说明多媒体课件脚本的作用。

第二节　多媒体课件《静夜思》脚本制作

理论引领

一、多媒体课件的脚本模板

多媒体课件的文字脚本的一般格式如下所示，包含有课件名称、设计者、课件简介、教学对象、教学目标、教学内容和教学策略等基本内容。

```
                多媒体课件文字脚本模板

        课件名称：_____
        设 计 者：_____
        课件简介：_____
        教学对象：_____
        教学目标：_____
        教学内容：_____
        教学策略：_____
```

多媒体课件的制作脚本格式如下所示，包含有整体结构图、页面序号、页面内容简要说明、屏幕显示、说明等内容。其中，页面序号、页面内容简要说明、屏幕显示、说明等内容，一般而言制作脚本都是通过制作脚本卡片的填写来完成。所以，多媒体课件的制作脚本通常由课件整体结构图与一系列的制作脚本卡片构成。

```
            多媒体课件制作脚本模板

    (一)课件整体结构图

    ┌─────────────────────────────────┐
    │                                 │
    │         课件整体结构图          │
    │                                 │
    └─────────────────────────────────┘

    (二)
```

页面序号	……	页面内容简要说明	……
屏幕显示	……		
说明	……		

操作示范

本教程中将以一首大家熟悉的古诗《静夜思》为例进行讲解。首先我们设计编写《静夜思》多媒体课件的脚本。

一、制作文字脚本

文字脚本的制作主要是填写课件名称、设计者、课件简介、教学对象、教学目标、教学内容、教学策略等基本内容。

多媒体课件《静夜思》文字脚本

课件名称:《静夜思》

设计者:XXX

课件简介:通过文字、图像、声音、动画等方式,指导学生读准字音,读出节奏,激发学习古诗的兴趣,引导学生在朗读中感悟诗中绵绵的思乡之情,体会诗歌的韵味和美好的意境。

教学对象:小学一年级学生

教学目标:

1. 认识10个生字,重点掌握生字"木"、"耳"、"头"、"米"。
2. 初步感受诗歌所描绘的美好意境,激发学生对中华传统文化的热爱之情,体会诗人的思乡之情。
3. 正确、有感情地诵读、背诵这首诗文。

教学内容:

1. 认读10个生字;
2. 写生字"木"、"耳"、"头"、"米";
3. 全诗诵读、解析。

教学策略:综合使用文字、图形图像、动画、声音及视频等多种媒体元素,以教师的讲授为主,学生自主探究合作完成学习任务。

二、完成制作脚本

1. 设计课件整体结构图

多媒体课件《静夜思》整体结构图,如图2.4所示。"新授"、"练习"、"小结"、"作业"是课件的4个主要功能模块,其中"练习"、"小结"、"作业"的内容分别用一张幻灯片实现,新授模块的内容是由"作者简介"、"诵读·赏析"、"全诗讲解"、"读一读"、"写一写"五个模块五张幻灯片实现。

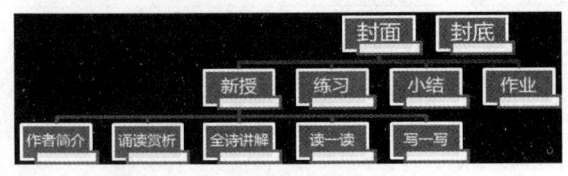

图2.4 《静夜思》课件整体结构图

2. 编写制作脚本卡片

页面序号	1	页面内容简要说明	课件的封面
屏幕显示	\multicolumn{3}{l}{静夜思 唐·李白}
说明	\multicolumn{3}{l}{1."静夜思"三个字字体为隶书,字号为80,颜色为白色,添加阴影效果;"唐·李白"字体为华文行楷,字号为36,颜色为黄色,即R255,G198,B83。 2.利用母版设置幻灯片封面页背景图片"静夜思.png",正文页背景图片"正文.png"。设置图片缩放比例为相对于原始图片尺寸,高度为"97%",宽度为"90%";将水平和垂直位置分别调整为"0cm",自"左上角"。 3.加上背景音乐"封面背景音乐.mp3",其播放效果为放映当前幻灯片页时音乐开始播放,结束该页放映时音乐结束。同时将默认的声音文件喇叭图标更改为"小图标.png",在播放演示文稿过程中不显示插入的声音文件图标。 4.制作"时钟、楔入"切换效果,持续时间2s,配上"风铃"音效。}

页面序号	2	页面内容简要说明	作者简介
屏幕显示	\multicolumn{3}{l}{屏幕顶端导航设计: 作者简介　诵读·赏析　全诗讲解　读一读　写一写 正文内容: 李白(701~762),字太白,号青莲居士,唐代大诗人。李白祖籍陇西成纪(今甘肃秦安附近),出生于中亚的碎叶城,5岁时随父全家迁居四川江油,因此他一直把四川当作自己的故乡。 李白的一生中,既亲见了历史上的太平盛世,也遭遇到惨不忍睹的战乱祸端,他的诗歌创作是与这样一个特定的时代分不开的。李白一生怀着远大志向,但是生活道路坎坷难言,在政治上也未能展翅凌云。一生中写下了上千首诗歌,其诗风格豪放,想象丰富,语言流畅,是中国文学史上继屈原之后最伟大的浪漫主义诗人。}
说明	\multicolumn{3}{l}{1.插入5个文本框,分别输入"作者简介"、"诵读·赏析"、"全诗讲解"、"读一读"、"写一写",并设置文本框中的文字字体为隶书,大小为22号,浅黄色;文本框则用纯色填充,颜色设置为R33,G89,B104,透明度90%。 2.每个文本框分别设计超链接,链接到相应的幻灯片页,作者简介链接到第二页幻灯片,诵读赏析部分链接到第三页幻灯片,全诗讲解链接到第四页幻灯片,读一读链接到第五页幻灯片,写一写链接到第六页幻灯片。 3.为"作者简介"文本框添加动画效果,出现方式为闪烁2次,闪烁后变换其颜色为蓝绿色,即R0,G255,B255。 4.输入作者简介的相应文字,设置其文字效果:字体为隶书,大小为24号,白色,首行缩进1.98cm,段前6磅,1.1倍行距。同时为其添加"上浮"动画效果。 5.制作"淡出"切换效果,持续时间1s。}

页面序号	3	页面内容简要说明	诵读.赏析
屏幕显示	\multicolumn{3}{l}{屏幕顶端导航设计: 作者简介　诵读·赏析　全诗讲解　读一读　写一写 正文内容: 静夜思 唐·李白 床前明月光, 疑是地上霜。 举头望明月, 低头思故乡。}
说明	\multicolumn{3}{l}{1.参照第二页幻灯片顶端的导航设计,制作完成本页的导航设计。 2.为"诵读·赏析"文本框添加动画效果,出现方式为闪烁2次,闪烁后变换其颜色为蓝绿色,即R0,G255,B255。 3.输入全诗内容,设置文字字体为隶书,大小为36号,白色,并为其添加"淡出"动画效果。 4.插入声音文件"朗读+赏析.wav",其播放效果为放映当前幻灯片页时点击声音件图标开始播放,将默认的声音文件喇叭图标更改为"小喇叭.png"。 5.制作"轨道"切换效果,持续时间2s。}

页面序号	4	页面内容简要说明	全诗讲解
屏幕显示		屏幕顶端导航设计： 作者简介　诵读·赏析　全诗讲解　读一读　写一写 正文内容：
说明		1.参照第二页幻灯片顶端的导航设计，制作完成本页的导航设计。 2.为"全诗讲解"文本框添加动画效果，出现方式为闪烁2次，闪烁后变换其颜色为蓝绿色，即R0,G255,B255。 3.插入垂直文本框输入文字"《静夜思》动画课件"，设置文字字体为黑体，大小为32号，加粗，橙色R255,G198,B83，并为其添加"淡出"动画效果。 4.插入flash动画"全诗讲解.swf"，并将插入的动画图片显示效果用"静夜思.png"图片更改。调整图片大小为高度12cm，宽度17cm，设置其位置为水平自左上角6.3cm，垂直自左上角4.3cm；为动画图片添加边框，选择视频样式中的"复杂框架，黑色"，并将边框颜色改为蓝色，RGB值分别为R79,G129,B189。 5.制作"轨道"切换效果，持续时间2s。
页面序号	5	页面内容简要说明	读一读
屏幕显示		屏幕顶端导航设计： 作者简介　诵读·赏析　全诗讲解　读一读　写一写 正文内容： 认读以下10个生字，单击小喇叭听读音。 静　　夜　　床　　光　　举 头　　望　　低　　故　　乡
说明		1.参照第二页幻灯片顶端的导航设计，制作完成本页的导航设计。 2.为"读一读"文本框添加动画效果，出现方式为闪烁2次，闪烁后变换其颜色为蓝绿色，即R0,G255,B255。 3.插入文本框，输入"认读以下10个生字，单击小喇叭听读音"，设置文字字体为黑体，大小为28号，加粗，亮蓝色R139,G255,B255，并为其添加"淡出"动画效果。 4.插入文本框依次输入10个生字及其读音，设置文字字体为黑体，大小为36号，加粗，白色；拼音字体为Arial，大小为32号，黄色R255,G255,B0，并为文字及拼音添加"淡出"动画效果。 5.为每一个生字插入其对应的读音文件，添加"淡出"动画效果，出现时间与文字和拼音的出现时间同步，同时设置插入的声音文件播放效果为放映当前幻灯片页时点击声音文件图标开始播放，并将默认的声音文件喇叭图标更改为"小喇叭.png"。 6.制作"轨道"切换效果，持续时间2s。
页面序号	6	页面内容简要说明	写一写
屏幕显示		屏幕顶端导航设计： 作者简介　诵读·赏析　全诗讲解　读一读　写一写 正文内容：
说明		1.参照第二页幻灯片顶端的导航设计，制作完成本页的导航设计。 2.为"写一写"文本框添加动画效果，出现方式为闪烁2次，闪烁后变换其颜色为蓝绿色，即R0,G255,B255。 3.插入4个文本框，并依次输入文字"目"、"耳"、"头"、"米"，设置文字字体为黑体，大小为66号，加粗，橙色R255,G198,B83，并为其添加"淡出"动画效果。 4.依次插入flash动画"mu.swf"、"er.swf"、"tou.swf"、"mi.swf"，同时将动画图片显示效果用"正文.png"图片更改。将4个flash动画的大小均设置为高度13cm，宽度17cm，位置重叠，设置其位置为水平自左上角6.2cm，垂直自左上角3.9cm；为动画图片添加边框，选择视频样式中的"复杂框架，黑色"，并将边框颜色改为蓝色，RGB值分别为R15,G132,B185。 5.利用自定义动画，分别为"目、耳、头、米"四个动画添加触发器效果，即点击"目"字出现并播放"mu.swf"，而其余三个flash动画文件消失在屏幕中。其他三个字的触发效果做类似设置。 6.制作"轨道"切换效果，持续时间2s。

页面序号	7	页面内容简要说明	实践活动
屏幕显示		屏幕顶端导航设计： 作者简介　诵读·赏析　全诗讲解　读一读　写一写 正文内容： 实践活动 说一说： 学习这首诗，可留心观察夜晚的天空。观察以后，可通过与小组同学、全班同学交流等方式把看到的夜空说一说。 做一做： 模仿《静夜思》，根据老师提示的图片，创作一首小诗。目的是引导学生细心观察自然景象，并能较准确地表达出来。 　春天的叶　　夏天的花　　秋天的果　　冬天的雪
说明		1.参照第二页幻灯片顶端的导航设计，制作完成本页的导航设计。 2.插入文本框输入实践活动：说一说、做一做文字内容，设置文字基本属性："实践活动"字体为隶书，大小为40号，加粗，橙色R255,G198,B83，并为其添加"淡出"动画效果；"说一说"、"做一做"字体为宋体，大小为28号，加粗，橙色R255,G255,B105，并为其添加"淡出"动画效果；其余正文文字字体为宋体，大小为28号，橙色R255,G255,B197，并为其添加"淡出"动画效果。 3.在屏幕底部插入4个文本框，分别输入"春天的叶"、"夏天的花"、"秋天的果"、"冬天的雪"，字体为隶书，大小为32号，黄色R255,G255,B102，"叶"、"花"、"果"、"雪"四个字颜色分别设置为绿色、红色、橙色、白色。最后将4个文本框添加"淡出"动画效果，并将4个文本框分别链接到幻灯片11、12、13、14页。 4.制作"切换"切换效果，持续时间1.5s。
页面序号	8	页面内容简要说明	课堂小结
屏幕显示		屏幕顶端导航设计： 作者简介　诵读·赏析　全诗讲解　读一读　写一写 正文内容： 课堂小结： 漂泊在外的游子，总是把思念故乡的情感深深地藏在心底。但是每当夜晚来临，每当佳节来到，每当明月当空时，想到自己孤单一人，想到故乡的亲人，想到故乡的山水，想到故乡的一切……怎不令人低头沉思，怎不令人归心似箭！ 让我们一起在音乐的伴奏下深情地朗诵这首美丽忧伤的《静夜思》吧！
说明		1.参照第二页幻灯片顶端的导航设计，制作完成本页的导航设计。 2.插入文本框输入正文内容，设置标题文字"课堂小结"字体为隶书，大小为40号，橙色R255,G198,B83，并为其添加"淡出"动画效果；设置正文文字字体为宋体，大小为24号，白色，并为其添加"淡出"动画效果。 3.插入声音文件"配乐朗读.wav"，设置插入的声音文件播放效果为放映当前幻灯片页时点击声音文件图标开始播放，并将默认的声音文件喇叭图标更改为"小喇叭.png"。 4.制作"时钟、逆时针"切换效果，持续时间1s。
页面序号	9	页面内容简要说明	课后作业
屏幕显示		屏幕顶端导航设计： 作者简介　诵读·赏析　全诗讲解　读一读　写一写 正文内容： 课后作业 1.学了这首诗后，你最想做些什么？画一画，演一演，吟一吟，背一背，写一写……选择一项或几项完成。 2.生字抄写、组词。 3.根据老师提供的图片，尝试创作一首小诗。
说明		1.参照第二页幻灯片顶端的导航设计，制作完成本页的导航设计。 2.插入文本框输入正文内容，设置标题文字"课堂小结"字体为隶书，大小为40号，橙色R255,G198,B83，并为其添加"淡出"动画效果；设置正文文字字体为宋体，大小为24号，白色，并为其添加"淡出"动画效果。 3.制作"揭开、自右下部"切换效果，持续时间1s，换片时间10s。

页面序号	10	页面内容简要说明	封底
屏幕显示			谢谢！
说明	1. 插入艺术字"谢谢！"设置文字字体为隶书，大小为80号，采用艺术字样式，文字填充颜色为蓝色R21,G194,B255。 2. 为艺术字"谢谢！"添加"向上"的动作路径。 3. 制作"闪耀、从上方闪耀的六边形"切换效果，持续时间3.5s，配上"鼓掌"音效。			

页面序号	11	页面内容简要说明	实践活动图片
屏幕显示			图片及返回箭头
说明	1. 插入图片"春天的叶.jpg"，裁剪图片并调整其大小和位置。调整其高度为12cm，宽度为18cm，水平和垂直位置均设置为"3.8cm，自左上角"；为图片选择"复杂框架，黑色"的图片样式，并将边框颜色修改为黄色R255,G153,B51。 2. 插入箭头，将其填充颜色修改为蓝色R21,G194,B255；设置其高度为1cm，宽度1.2cm；位置为水平自左上角23.7cm，垂直自左上角17.5cm；为箭头设置超链接，链接到"实践活动"页面。 3. 制作"形状、圆"切换效果，持续时间1.5s。			

页面序号	12	页面内容简要说明	实践活动图片
屏幕显示			图片及返回箭头
说明	1. 参照第11页幻灯片插入图片"夏天的花.jpg"，并设置相同图片效果。 2. 参照第11页幻灯片插入箭头，并设置相同的颜色、大小和位置，设置超链接，链接到"实践活动"页面。 3. 制作"涟漪、居中"切换效果，持续时间1.5s。			

页面序号	13	页面内容简要说明	实践活动图片
屏幕显示			图片及返回箭头
说明	1. 参照第11页幻灯片插入图片"秋天的果.jpg"，并设置相同图片效果。 2. 参照第11页幻灯片插入箭头，并设置相同的颜色、大小和位置，设置超链接，链接到"实践活动"页面。 3. 制作"门、垂直"切换效果，持续时间2s。			

页面序号	14	页面内容简要说明	实践活动图片
屏幕显示			图片及返回箭头
说明	1. 参照第11页幻灯片插入图片"冬天的雪.jpg"，并设置相同图片效果。 2. 参照第11页幻灯片插入箭头，并设置相同的颜色、大小和位置，设置超链接，链接到"实践活动"页面。 3. 制作"涡流、自顶部"切换效果，持续时间2s。			

本教程编写了《静夜思》课件的详细脚本，后续模块将围绕这个脚本循序渐进地制作出《静夜思》这个多媒体课件。需要特别说明的是，虽然《静夜思》是一个小学语文课件实例，但其中所包含和涉及的多媒体课件制作的各项技术，无论是哪一个学科的教师，或者是哪一个学龄段课程，只要跟着本教材一步步学习，必能够掌握PowerPoint 2010制作多媒体课件的相关操作技术。

巩固练习

1.【判断题】多媒体课件脚本要严格按照模板制作,不能有个性化调整。(　　)
　　A.正确　　　　B.错误
2.【多选题】多媒体课件的文字脚本一般包括:(　　)
　　A.课件名称　　B.课件简介　C.教学对象　D.教学目标　E.教学内容　F.教学策略
3.【填空题】多媒体课件制作脚本通常是由_____与一系列的制作脚本卡片构成。
4.【填空题】多媒体课件制作脚本的卡片由页面序号、_____、_____和说明等几个部分组成。

模块三　多媒体课件的界面设计

【学习目标】

知识目标

能说出 PowerPoint 中主题、母版、版式的基本含义；

能解释多媒体课件中导航设计的作用与意义。

技能目标

能根据课件主题和内容需要，设计、制作、选用恰当的主题；

能根据课件内容和界面需要，综合设计应用幻灯片母版和版式；

掌握幻灯片超链接和动作按钮的使用方法，并以此实现课件的导航功能。

情感、态度、价值观目标

通过观摩、比较、反思，感受多媒体课件导航设计的重要作用；

感受课件制作中界面设计过程，并由此意识到艺术修养和美学修养在课件设计与制作中的重要性，同时乐于分享课件界面与导航设计制作的技巧和实践经验。

【重难点】

幻灯片母版的综合应用

利用超链接实现多媒体课件的导航功能

第一节　多媒体课件《静夜思》界面设计与制作

理论引领

一、多媒体课件界面设计基本原则

多媒体课件以图、文、声、像并茂的方式进行形象化教学,弥补了传统教学在直观感、立体感和动态感方面的不足。一个好的多媒体课件,离不开好的界面设计。界面是联系人和计算机的桥梁,是传播知识的纽带。界面向学习者提供了一个赏心悦目的视觉环境,可以激发学习者兴趣,提高学习的积极性。在多媒体课件中,界面设计综合了文学、音乐、美术、计算机技术等多个学科的内容。据统计,在人类通过感觉器官收集到的各种信息当中,视觉约占65%。因此,在多媒体课件设计过程中,充分考虑人的视觉特性对知识的高效传播是十分重要的。灵活、美观、易操作的人机界面对于调动和激发学习者的兴趣,提高学习积极性,具有重要作用。为此,我们可从以下几个方面设计课件操作界面。

1. 操作简便

多媒体课件是面向学习者的,在设计时要考虑到学习者的特点、能力、知识水平,立足于面向非计算机操作者进行设计,不应对学习者有额外的知识和技能要求。

2. 界面简洁

使用多媒体课件的最终目的是传授知识,是为教学服务,其界面设计应力求简洁,既不能将其限于文字教材的"复制",成为教材的翻版,也不能违背教学规律和学习者的认知规律,盲目地更改、删减教学内容的逻辑结构。

3. 布局合理

人眼只能产生一个焦点,而不能同时把视线停留在两处或两处以上的地方,只能按照先看什么,后看什么,再看什么依次顺序进行。学习者在阅读一种信息载体时,视线总有一种自然的流动习惯,普遍都是从左到右,由上到下,由左上方沿着弧形线向右下方流动的过程。

> **技巧点拨:多媒体课件在布局上应该注意**
>
> 1. 恰当布置,主体突出。显示内容应恰当,不应过多,切换不宜过快,屏幕不应过分拥挤,四周应留出一定的余地。一般正文每屏不应超过15行,每行不超过30个汉字,如显示不下可利用自定义动画实现文字滚屏显示效果。字体应选用笔画丰满的字体,大小标题可用不同字体、字号,以区分层次和段落。文字的色彩应有一定的对比,从而突出主题。
>
> 2. 重点集中,视点明确。由于计算机屏幕尺寸所限,要求重点集中,视点明确。在同一画面上,不应出现两个以上的兴趣中心,以免分散学习者的注意力。
>
> 3. 合理预留空行、空格。必要的空行及空格会使结构合理,条理清晰,阅读、查找方便;相反,过分密密麻麻的显示会损害学习者的视力,也不利于学习者把注意力集中到有用的信息上。

4. 前后一致

前后一致是人机界面领域的普遍原则，它是将相同类型的信息以一致的方式进行显示，包括显示风格、布局、位置、选用颜色等方面的一致性，甚至在人机操作方式上也力求保持一致。这种一致性的交互界面，可帮助学习者把他们当前已获取的知识、经验推广到新内容的学习中去，从而减轻学习者重新学习、记忆的负担。

5. 色彩的和谐搭配

设计多媒体课件界面时，颜色运用得当，能使屏幕界面高雅、清爽，教学内容条理清晰，激起学生的学习兴趣，从而可以得到较好的学习效果。但若颜色使用不当，会起到相反作用。

> **技巧点拨：色彩搭配时应该注意**
> 1. 一个屏幕界面不能同时使用太多的颜色。
> 2. 颜色配置应高雅、清爽。
> 3. 所用颜色的含义要与人们生活中对颜色含义的认识相同，不同国家、不同民族由于其历史经历不同，就同一种颜色而言，对其所蕴涵的意义的认识可能各不相同。
> 4. 在一个多媒体课件中，色彩的含义应保持一致，不宜过多改变。

操作示范

一、创建课件

在PowerPoint提供了多种创建课件的方法，归纳起来主要有以下几种：创建空白演示文稿、根据样本模板创建演示文稿、根据主题创建演示文稿、根据现有内容创建演示文稿以及根据Office.com模板创建演示文稿。

1. 创建空白演示文稿

（1）启动PowerPoint 2010后，单击【文件】菜单，然后选择【新建】命令，弹出【新建演示文稿】对话框，如图3.1所示。

（2）默认情况下，系统自动选中"可用模板和主题"列表框中的第一项，即"空白演示文稿"，当然如果不在此选项上，你也可以单击将其选中。

（3）单击【创建】按钮，即可创建一个新的空白演示文稿。如图3.2所示。

> **技巧点拨：**
> 单击【快速访问工具栏】上的【新建】按钮也可以快速新建一个如图3.2所示的空白演示文稿。如果快速访问工具栏上没有新建按钮，则可以自定义快速访问工具栏，将【新建】按钮添加上去。

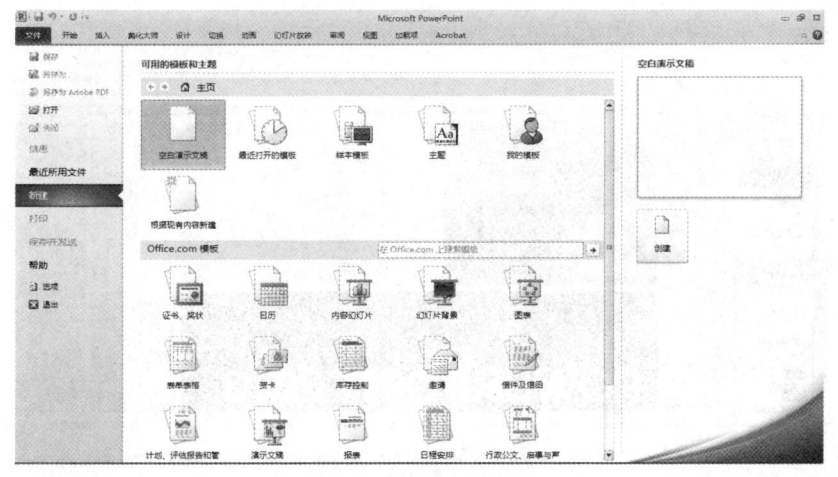

图 3.1　新建演示文稿

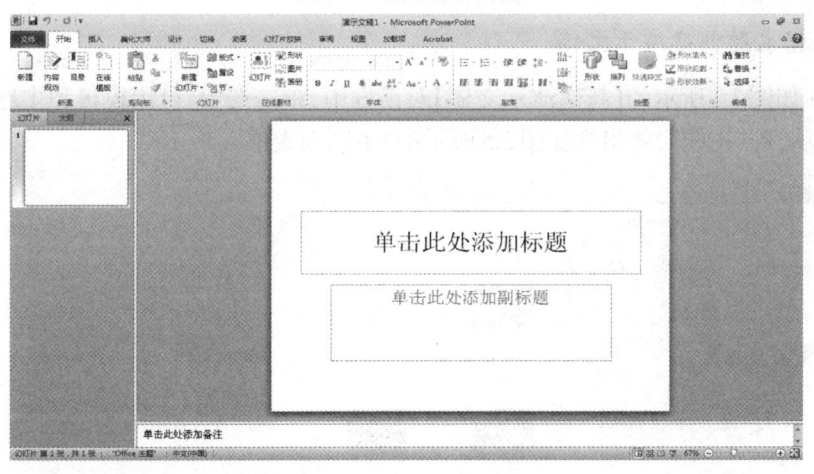

图 3.2　新建空白演示文稿

2. 根据样本模板创建演示文稿

（1）在如图 3.1 所示的【新建演示文稿】对话框中，单击选中"可用模板和主题"列表框中的第三项，即"样本模板"，将出现如图 3.3 所示的"样本模板列表框"。

（2）在"样本模板列表框"中选中一种模板（如"PowerPoint 2010 简介"），然后单击【创建】按钮，创建出应用此模板的演示文稿，如图 3.4 所示。

图 3.3　样本模板列表框

图3.4　根据样本模板创建的演示文稿

3. 根据主题创建演示文稿

（1）在如图3.1所示的【新建演示文稿】对话框中，单击选中"可用模板和主题"列表框中的第四项，即"主题"，将出现如图3.5所示的"主题列表框"。

图3.5　主题列表框

（2）在"主题列表框"中选中一种主题（如"奥斯汀"），然后单击【创建】按钮，创建出应用此主题的演示文稿，如图3.6所示。

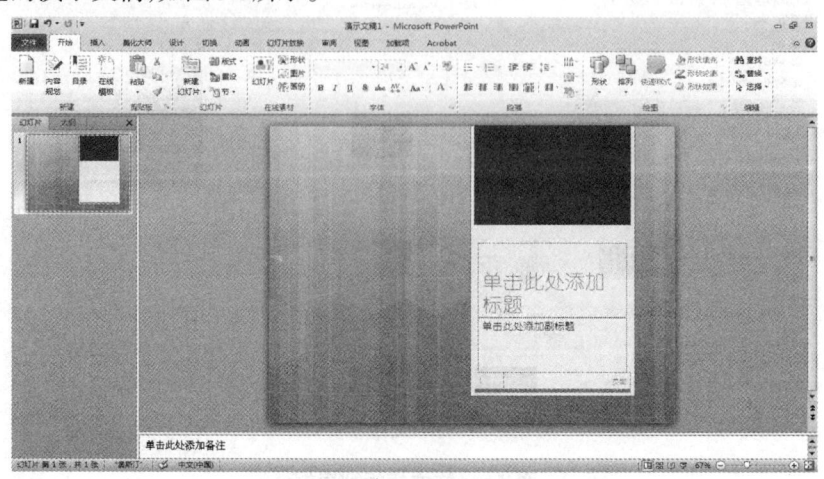

图3.6　根据主题创建的演示文稿

4. 根据现有内容创建演示文稿

利用已经完成的PowerPoint课件来创建新课件也是一种高效的方法,同时还可以保持课件整体风格的一致性。

(1)在如图3.1所示的【新建演示文稿】对话框中,单击选中"可用模板和主题"列表框中的第六项,即"根据现有内容新建",将出现如图3.7所示的对话框。

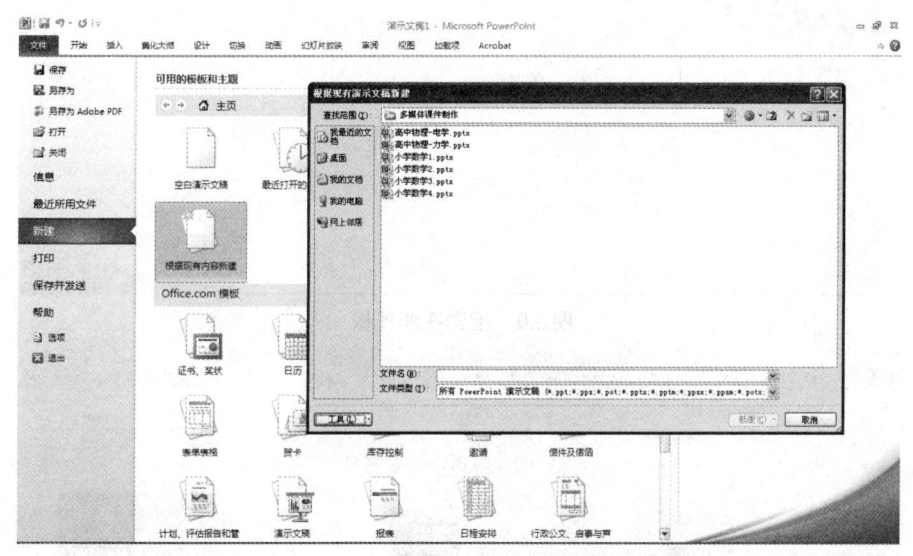

图3.7 "根据现有演示文稿新建"对话框

(2)在其中查找到已经完成的演示文稿并选中,然后点击【打开】按钮,即可根据这一演示文稿创建一个新的演示文稿。

5. 根据Office.com模板创建演示文稿

PowerPoint 2010提供了强大的在线模板功能,当已安装在个人计算机上的模板不能满足创建需求时,如果个人计算机连接上了互联网,就可以根据Microsoft Office Online提供的在线模板创建新的演示文稿。

(1)在如图3.1所示的【新建演示文稿】对话框中,单击选中"Office.com模板"列表框中的某一项,这时将PowerPoint将链接至Microsoft Office Online上进行搜索,同时出现如图3.8所示的界面。(当然也可以直接在搜索框中输入关键词进行搜索)

(2)搜索完毕后,中间窗格会显示搜索到的模板列表,如图3.9所示。

(3)在图3.9所示的列表中选择所需模板,点击【下载】按钮,系统会自动下载该模板,并在下载完成后根据这一模板创建一个新的演示文稿。

> **技巧点拨:**
> 　　如果使用的不是正版的Office软件,那么通过Microsoft Office Online在线下载模板时,有可能无法通过正版软件验证,也就不能保证正常下载在线模板。

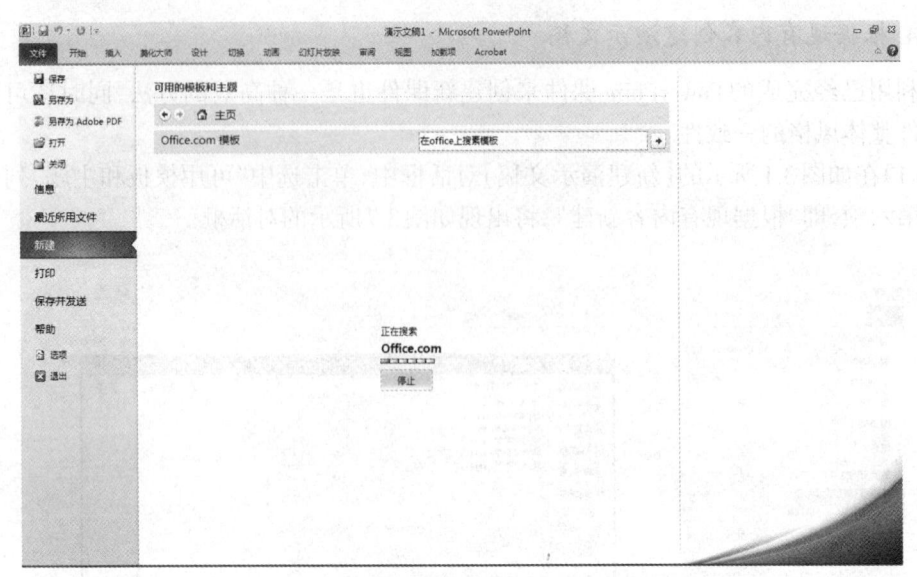

图3.8　搜索在线模板

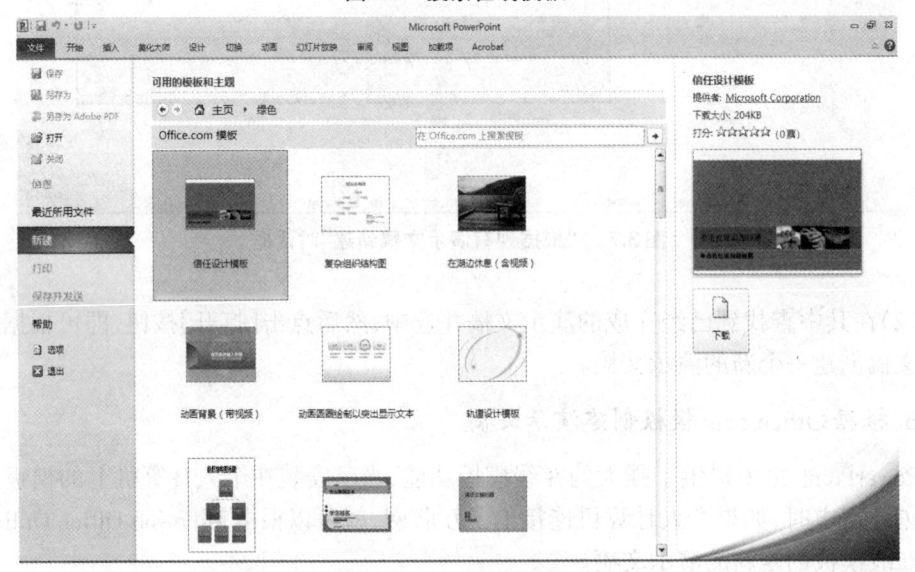

图3.9　在线模板列表

6. 多媒体课件《静夜思》的创建

根据多媒体课件《静夜思》的设计需求和内容需要，该课件不使用PowerPoint提供的模板或主题，而只需要创建一个空白演示文稿，因此采用上述创建演示文稿的第一种方法，即创建空白演示文稿，具体操作步骤如下：

（1）启动PowerPoint 2010，单击【文件】菜单，选择【新建】命令，弹出【新建演示文稿】对话框，如图3.1所示。

（2）选中"可用模板和主题"列表框中的第一项"空白演示文稿"，单击【创建】按钮，创建一个新的空白演示文稿，如图3.2所示，这样我们就创建了《静夜思》课件的第一页。

（3）添加幻灯片页面。单击【开始】选项卡，再选择【新建幻灯片】选项，根据需要点选一种版式页，为课件添加更多的幻灯片页面，如图3.10所示。根据模块二对《静夜思》课件脚本的设计可知，在此我们需要为课件添加13个幻灯片页面。（有关版式的内容参见下文）

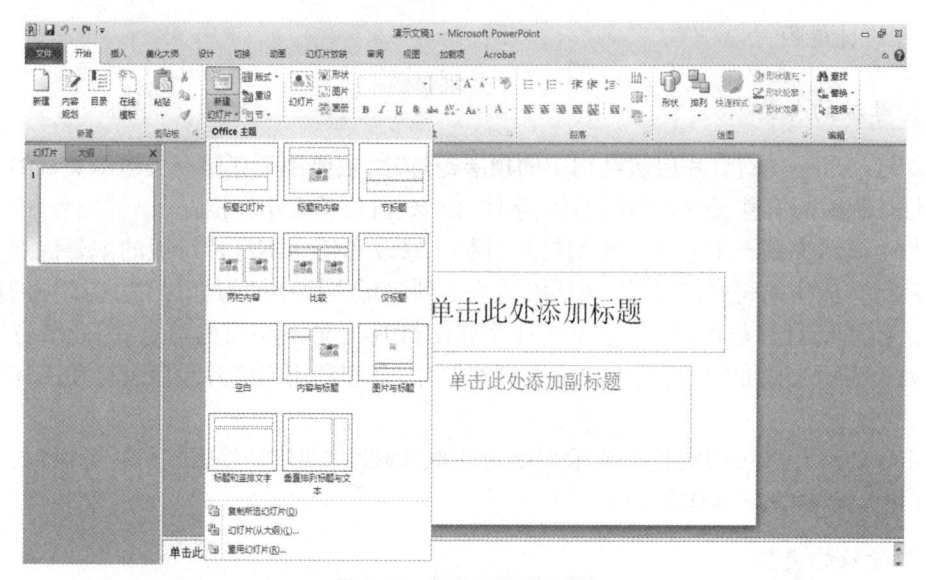

图3.10 添加幻灯片页面

二、设计主题

在课件设计中利用 PowerPoint 提供的幻灯片主题设计,可以快速美化幻灯片。从课件设计角度而言,主题提供了演示文稿的外观构建,它将背景设计、占位符版式、颜色和字形等应用于幻灯片。

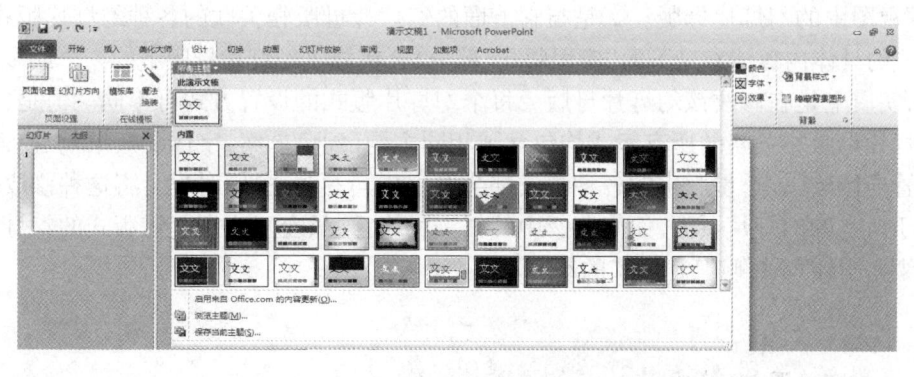

图3.11 PowerPoint 2010提供的预建主题

在 PowerPoint 多媒体课件设计中主题是指主题颜色、主题字体和主题效果三者的组合,而非单纯的主题颜色这一内容。PowerPoint 2010 提供了多个标准的预建主题,通过使用预建主题,可以简化演示文稿创建的过程,让普通的使用者也能设计出专业水准的 PowerPoint 多媒体课件。其应用与操作步骤如下:

(1)在【设计】选项卡上的【主题】组中,单击要应用的演示文稿主题。若要预览应用了特定主题的当前幻灯片的外观,可以将指针停留在该主题的缩略图上。

(2)若要查看更多主题,可以在【设计】选项卡上的【主题】组中,单击【更多】按钮。

多媒体课件《静夜思》应用了自定义的图片作为整个课件的主题,因此,在主题设计这一步骤中不用选择 PowerPoint 2010 提供的任何一个预建主题。

三、设计母版

1. 母版的含义

幻灯片母版是幻灯片层次结构中的顶层幻灯片,主要用于存储有关演示文稿的主题和幻灯片版式的信息,包括背景、颜色、字体、效果、占位符大小和位置。

每个演示文稿至少包含一个幻灯片母版。修改和使用幻灯片母版的主要优点是可以对演示文稿中的每张幻灯片(包括以后添加到演示文稿中的幻灯片)进行统一的样式更改。使用幻灯片母版时,由于无需在多张幻灯片上录入相同的信息,因此节省了时间。如果演示文稿非常长,其中包含大量幻灯片,合理利用幻灯片母版就会使工作更加方便。

由于幻灯片母版影响整个演示文稿的外观,因此在创建和编辑幻灯片母版时,是在"幻灯片母版"视图下操作。

2. 母版的类型

在PowerPoint中有3种母版:幻灯片母版、讲义母版、备注母版。

(1)幻灯片母版

一般而言,提到母版,多指幻灯片母版,它主要用于存储有关演示文稿的主题和幻灯片版式的信息,包括背景、颜色、字体、效果、占位符大小和位置。幻灯片母版控制演示文稿中所有的幻灯片页面格式,更改幻灯片母版上的任何格式设置,都会对整个演示文稿产生影响。如果仅就个别幻灯片页面外观进行修改调整,则可直接修改该幻灯片页面,而不需要进入母版进行修改调整。如图3.12所示为幻灯片母版视图,其中①为"幻灯片母版"视图中的幻灯片母版。②是与它上面的幻灯片母版相关联的各种幻灯片版式(有关版式的具体内容请参见下面"应用版式"部分)。在修改幻灯片母版下的一个或多个版式时,实质上是在修改该幻灯片母版。每个幻灯片版式的设置方式可不同。但是,与给定幻灯片母版相关联的所有版式均包含了相同主题(配色方案、字体和效果)。换言之,当设置与修改①时,母版中的各种版式都会发生相同的改变,同时也会将这种修改调整应用于所有的幻灯片页面,而修改②中的任一版式,则只会对应用了该版式的幻灯片页面产生作用,而不影响其他版式的幻灯片页面。

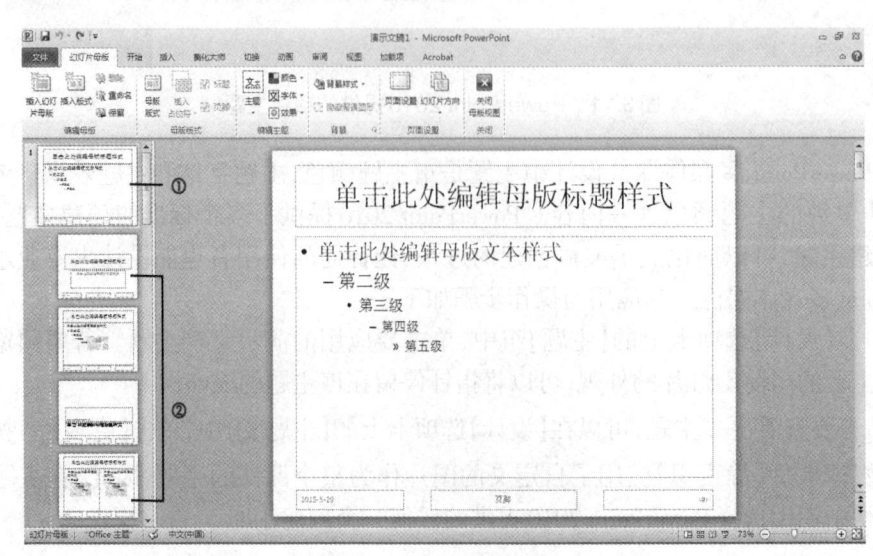

图3.12 幻灯片母版视图

(2)讲义母版

讲义母版是用于设置讲义的格式化标准。在讲义母版中可以查看在一页纸张中放置2张、3张或6张等幻灯片后的版面效果,并可设置页眉和页脚内容,以方便打印装订成讲义时使用。

(3)备注母版

备注母版用于格式化备注页面的内容,在这种母版视图中允许重新调整幻灯片区域的大小。在备注母版中显示有幻灯片的缩略图和用于添加参考资料等备注信息的文本占位符,同时还可以输入关于该幻灯片的备注信息,这些备注信息是可以进行打印输出的。

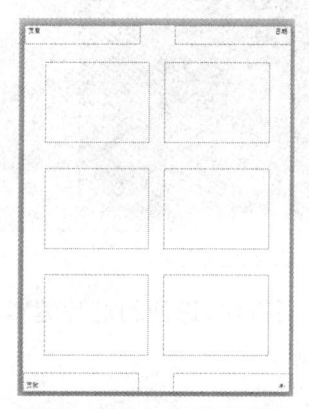

图3.13 幻灯片讲义母版　　图3.14 幻灯片备注母版

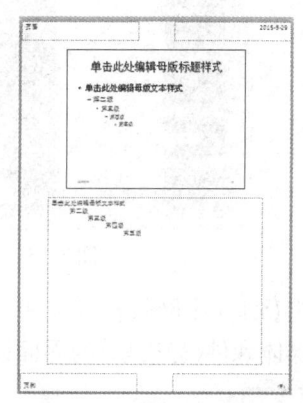

3. 利用母版设计《静夜思》课件界面

在模块一的第二节中我们观摩了多媒体课件《静夜思》,并可以发现该课件应用了自定义的图片作为整个课件的主题。课件除第一页封面页以外,其余的每一页面都具有相同的背景图片。这样一种课件界面效果,无法通过直接选择预建的主题进行设计,根据母版的含义及其作用,我们不难发现这需要充分利用母版功能对课件进行界面效果设置。具体操作步骤如下:

(1)单击【视图】→【母版视图】→【幻灯片母版】,进入母版视图。

(2)添加课件封面背景。选择幻灯片封面母版,也即幻灯片母版视图中的第二个页面,单击【插入】→【图片】,选择预先设计制作好的"静夜思封面"图像文件,单击【插入】按钮,即可将图片插入到幻灯片封面中,然后通过图像文件四周的控制块调整图像文件大小,使其与幻灯片大小吻合。

(3)将图片置于底层。右键单击"静夜思封面"图像文件,执行【置于底层】→【置于底】命令即可。此时,在幻灯片母版视图中就完成了课件封面背景设计,如图3.15所示。

图3.15 《静夜思》课件封面页设计

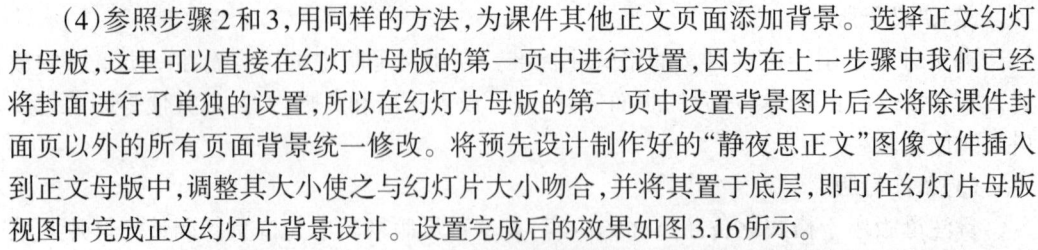

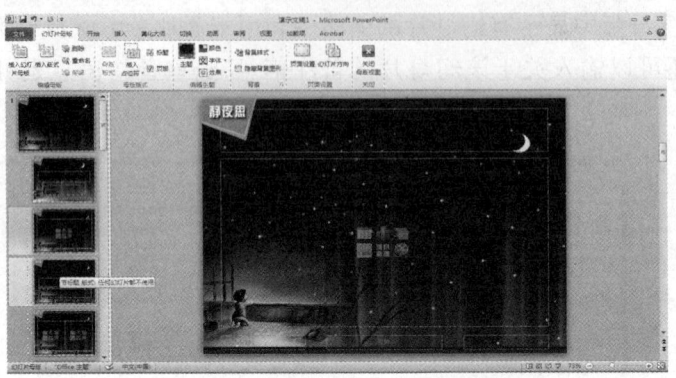

（4）参照步骤2和3，用同样的方法，为课件其他正文页面添加背景。选择正文幻灯片母版，这里可以直接在幻灯片母版的第一页中进行设置，因为在上一步骤中我们已经将封面进行了单独的设置，所以在幻灯片母版的第一页中设置背景图片后会将除课件封面页以外的所有页面背景统一修改。将预先设计制作好的"静夜思正文"图像文件插入到正文母版中，调整其大小使之与幻灯片大小吻合，并将其置于底层，即可在幻灯片母版视图中完成正文幻灯片背景设计。设置完成后的效果如图3.16所示。

图3.16 《静夜思》课件正文页设计

（5）单击【幻灯片母版】→【关闭母版视图】按钮，返回幻灯片编辑状态，如图3.17所示，完成多媒体课件《静夜思》的界面设计与制作。

图3.17 幻灯片母版选项卡

四、应用版式

幻灯片版式是PowerPoint中的一种常规排版的格式，通过幻灯片版式的应用可以对文字、图片等更加简洁地完成布局。幻灯片版式包含了要在幻灯片上显示的内容的格式设置、位置和占位符。占位符是版式中的容器，可容纳如文本（包括正文文本、项目符号列表和标题）、表格、图表、SmartArt图形、影片、声音、图片及剪贴画等内容。

在PowerPoint 2010中提供了11种版式：标题幻灯片、标题和内容、节标题、两栏内容、比较、仅标题、空白、内容与标题、图片与标题、标题和竖排文字、垂直排列标题与文本。

对于版式的应用，我们将在"模块四 多媒体课件的内容设计"中具体介绍。

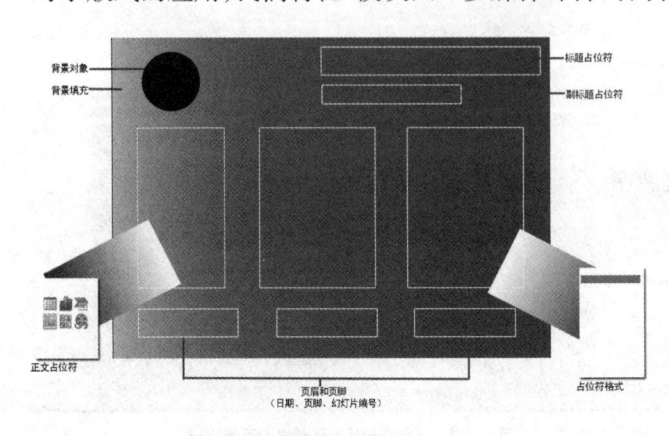

图3.18 幻灯片的版式   图3.19 版式的类型

巩固练习

1. 【单选题】演示文稿的创建可以通过以下哪个菜单选项实现（　　）
   A.开始菜单　　B.文件菜单　　C.选项菜单　　D.插入菜单

2. 【多选题】多媒体课件界面设计基本原则包括：（　　）
   A.操作简便　　B.界面简洁　　C.色彩和谐　　D.布局合理

3. 【多选题】以下哪些方法可以创建演示文稿（　　）
   A.根据主题　　B.根据模板　　C.Office Online　　D.根据已有的演示文稿

4. 【填空题】从课件设计角度而言，"主题"提供了演示文稿的外观构建，它将_____、_____、颜色和字形等应用于幻灯片。

5. 【填空题】在PowerPoint多媒体课件设计中主题是指_____、主题字体和_____三者的组合。

6. 【填空题】在PowerPoint中母版有三种类型：_____、讲义母版和_____。

7. 【判断题】以避免分散学习者的注意力，在多媒体课件的界面设计上，同一画面中不应超过三个及以上的兴趣中心。（　　）
   A.正确　　B.错误

8. 【判断题】为使多媒体课件显得丰富多彩，在课件中相同类型的信息要使用不同的方式显示，包括显示风格、布局、位置、所使用的颜色以及人机操作方式等都需要做调整。（　　）
   A.正确　　B.错误

9. 【判断题】多媒体课件中所用颜色的含义要与人们生活中的习惯相同，且在界面设计中不宜采用过多的颜色。（　　）
   A.正确　　B.错误

10. 【判断题】讲义母版是用于设置讲义的格式化标准，其主要用于打印幻灯片讲义时使用。（　　）
    A.正确　　B.错误

11. 【判断题】占位符是版式中的容器，可容纳文本、表格、图形，但不能容纳影片和声音。（　　）
    A.正确　　B.错误

12. 【名词解释】幻灯片母版。

13. 【名词解释】幻灯片版式。

14. 【分析论述】请分析论述幻灯片母版的作用。

第二节　多媒体课件《静夜思》导航设计与制作

理论引领

多媒体课件往往包含了大量的教学信息内容，各个知识点之间的链接关系相对复杂，在其结构上往往表现为节点与链。学习者甚至是教学者本人在具体操作时会面临诸多选择。如果对课件内容不熟悉或者不了解其结构，就会像在大海中航行一样，出现迷航现象。使用导航可以有效避免这种情况。因此在多媒体课件中可以专门设计导航模块，当迷航产生时，通过提供的各种导航功能达到目标。

一、导航的含义及其意义

导航一词本是应用于交通领域，多媒体与网络技术也逐步引入这个概念，领域变化并没有过多改变其基本含义。其主要功能和作用就是引导学习者沿着预设的教学路径向学习目标前进，简言之也就是为了实现各个知识点之间的链接和跳转。

多媒体课件中有效的导航设计对学习者以及对多媒体课件本身都具有极其重要的作用和意义：

1. 导航设计对学习者的意义

(1)鲜明、准确的导航功能，能够让学习者按照自己的要求去自主学习，而不至于陷入知识节点中不知所措。

(2)有效的导航设计可以让学习者避免偏离学习目标，引导其进行有效学习，提高学习效率。

(3)有效的导航设计可以加强各个知识点之间的内在联系，有利于学习者形成自己的认知结构。

2. 导航设计对多媒体课件自身的意义

(1)合理有效的导航设计决定了用户在多媒体课件中穿梭浏览的体验。

(2)合理有效的导航设计可以将多媒体课件的内容和提供的学习支持服务最大化展现在用户面前。

(3)合理有效的导航设计可以提高用户对多媒体课件的浏览深度。

二、导航设计以及应用中应注意的问题

在进行多媒体课件的导航设计和应用时，应注意以下几个问题：

(1)多媒体课件中是否需要用到导航，要根据课件承载教学信息内容的多少来决定，导航设计并非适用于所有的多媒体课件。

(2)在进行导航设计时，需要注意导航颜色与单纯叙述文字的颜色呈现区别，同时还需要注意避免将导航设计成单纯的超链接。

(3)在具有前后连续顺序的页面里应提供和设计必要的导航提示，多媒体课件中的导航设计很少单独使用一种导航方法，而是根据课件的需要将多种导航方法有机整合，共同发挥作用。

(4)多媒体课件中的导航元素及其设计风格应保持一致,以便于操作。
(5)导航设计完成后应注意测试所有导航的可行性和准确性。

三、导航设计的评价标准

在多媒体课件中有效的导航设计能够促进学习者的学习,避免学习过程中的迷失,合理的导航设计往往需要满足以下标准:
(1)符合学习者的心理规律。
(2)符合学习者的认知规律。
(3)导航标志明显,位置设置合理。
(4)导航运行顺畅。
(5)导航标志美观和谐。

四、常用的导航设计形式

在PowerPoint中常见的导航设计主要有以下四种形式:

形式1:按一定的规律组合一批图形,按幻灯片的位置将特定位置的形状色彩、大小进行更改,以起到指示作用如图3.20所示。

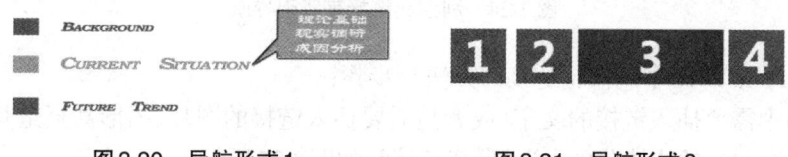

图3.20　导航形式1　　　　　图3.21　导航形式2

形式2:用图示制作的内容导航。这种导航可以让界面显得较为活泼,但图示是否能显示当前内容则要看图片的选择了如图3.21所示。

形式3:目录导航。利用文字作为目录,并将其设置为课件的导航。这是在多媒体课件制作中最为常见的一种导航形式如图3.22所示。

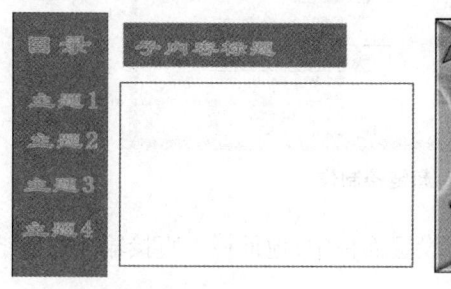

图3.22　导航形式3　　　　　图3.23　导航形式4

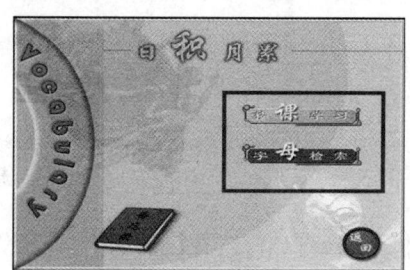

形式4:按钮+标题导航。这种导航形式是图形或图示导航与目录导航的综合应用。利用图形或图示作为导航的背景,在其上添加必要的目录文字作为指示说明如图3.23所示。

操 作 示 范

一、导航制作的方法

在 PowerPoint 中可以通过以下三种方法来制作导航：

1. 通过超链接来设置导航

通过超链接来设置导航是多媒体课件中实现导航制作的最简单方法，也是其他导航制作方法的基础。这种方法一般应用于课件首页设置导航菜单，如图 3.24 所示。

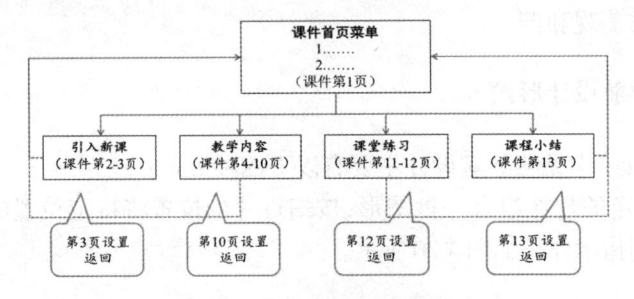

图 3.24　利用超链接来实现导航

PowerPoint 2010 中制作超链接的方法与步骤：

（1）选中需要插入链接的文字（或者是需要插入链接的图片、图形甚至是其他元素），单击右键，在弹出的快捷菜单中选择【超链接】，如图 3.25 所示。

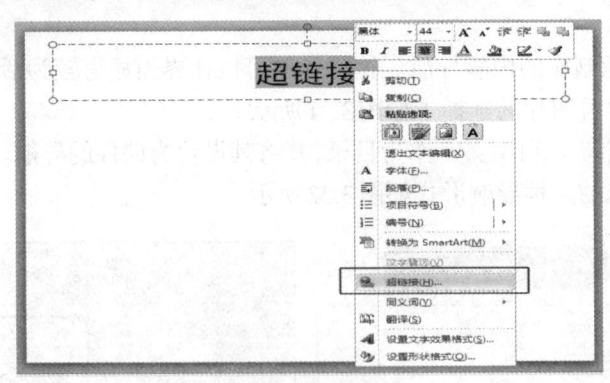

图 3.25　超链接制作

（2）制作网站超链接：在【插入超链接】设置面板中，地址栏上直接输入需要链接的网站地址，完成后点击【确定】，如图 3.26 所示。

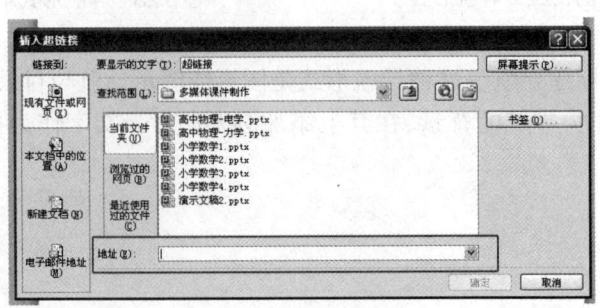

图 3.26　网站超链接

（3）制作本地超链接：如果幻灯片演示过程中需要链接到部分音频、视频或其他本地计算机上的资源时，则需要设置为本地超链接。在【插入超链接】设置面板中，首先选择最左侧的【现有文件或网页】，然后点击右上角的【浏览文件】图标按钮，找到需要链接的资源文件进行链接，如图3.27所示。

（4）制作幻灯片超链接：幻灯片演示时需要从一个页面跳转到另一个页面，这就是幻灯片页面间的超链接。在【插入超链接】设置面板中，首先选择最左侧的【本文档中的位置】，然后在【请选择文档中的位置】列表框中选择需要链接和跳转到的幻灯片，完成后点击【确定】，如图3.28所示。

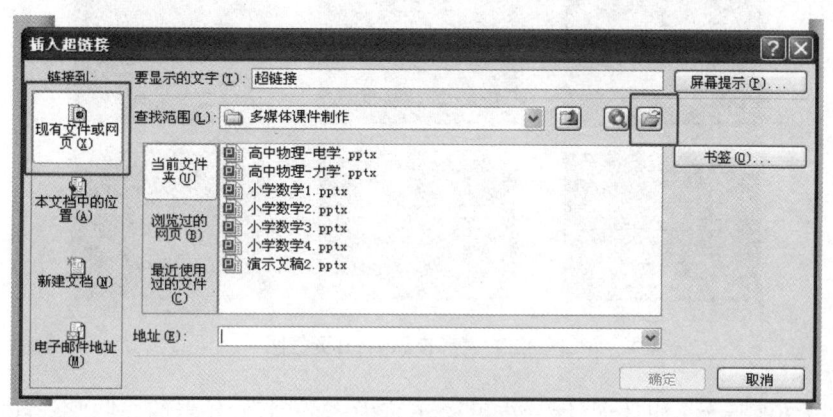

图3.27　本地超链接

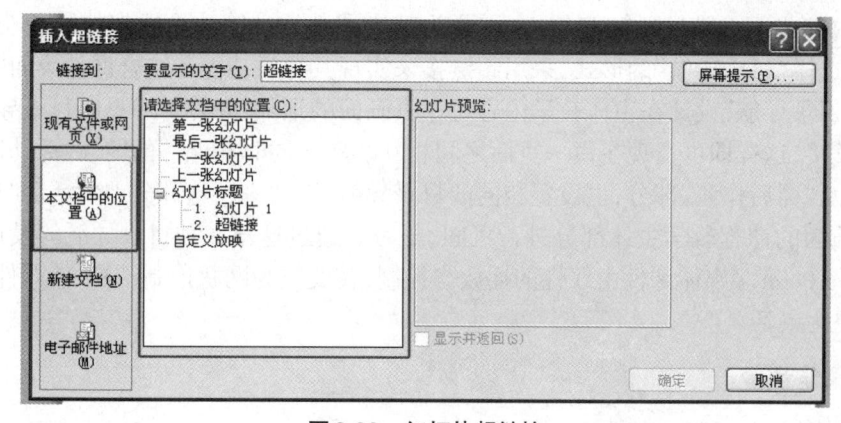

图3.28　幻灯片超链接

2. 通过幻灯片母版设置导航

利用母版设置导航主要针对幻灯片中每一页都具备相同的超链接关系时使用，这样可以在母版中进行一次导航设计操作，就可以让演示文稿全局具备导航功能。

进入母版编辑页面，如果对默认的样式不满意可以把不满意的样式都删除，甚至是仅仅留下一个空白母版。在母版上可以设置背景，页面边框，动作按钮以及菜单等功能，可综合利用"超链接设置导航"的四种方式在母版中实现导航。

3. 通过触发器设置导航

利用触发器制作导航，同样需要综合利用"超链接设置导航"的四种方式来实现导航，同时利用触发器的主要作用还在于通过触发器的使用来控制对各种导航菜单的出现或隐藏效果设置。这将需要配合PowerPoint中自定义动画的使用，关于触发器的应用将在模块五作具体介绍。

二、多媒体课件《静夜思》的导航设计与制作

1. 设计思路

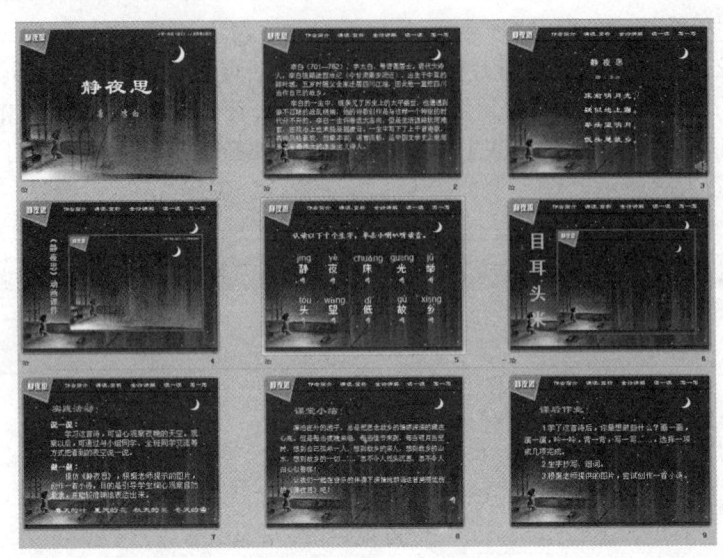

图3.29 《静夜思》1-9页截图

如图3.29所示，多媒体课件《静夜思》2~6页内容分别为"作者简介"、"全诗讲解"、"诵读赏析"、"读一读"、"写一写"。这5页幻灯片构成了整个课件的主体教学内容，为了实现在教学内容之间的随意跳转和切换，需要为整个课件设计简洁易操作的导航功能。在此，我们选择"目录导航"的形式，采用超链接来实现其导航功能。结合课件界面的设计，我们将"目录导航"设计在主体教学内容每一页画面的顶部，并将每一页的目录导航均设置为超链接，这样即可实现在每一页面之间相互跳转。同时在课件的"实践活动"、"课堂小结"以及"课后作业"部分，也设置相同的目录导航，以便进行这部分课堂活动时能够随时进入前面的课程教学主体部分进行巩固、复习。通过这样一种目录导航的设计，让传统的PowerPoint多媒体课件由线性的播放与控制，转变成为网状控制结构，使课件的操作与控制更为灵活。

2. 操作步骤

（1）更改幻灯片页面版式

在第二页幻灯片上点击鼠标右键，弹出快捷菜单选择【版式】→【空白】这一版式，如图3.30所示。

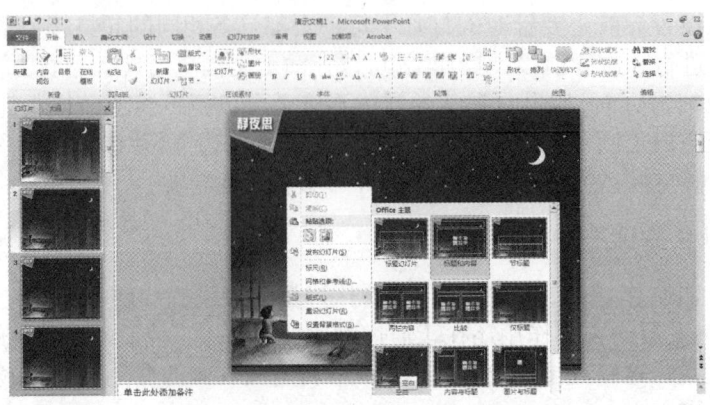

图3.30 《静夜思》第2页版式设计

(2)制作目录导航的文本

① 插入文本框。单击【插入】→【文本框】→【横排文本框】按钮,在新插入的文本框里输入"作者简介"文字,并设置【字体】:隶书;【字号】:22;【颜色为】:浅黄色,然后调整其位置。

② 设置文本框属性。右键单击选中"作者简介"文本框→选择【设置形状格式】选项→在弹出"设置形状格式"的【填充】中→选择【纯色填充】→单击【颜色】右侧的下拉箭头→选择【其他颜色】→在弹出的"颜色"面板中→单击【自定义】标签→在【RGB】颜色模式中输入R、G、B的值,分别为:【R】33;【G】89;【B】104→单击【确定】返回"设置形状格式"面板→将【透明度】设置为90%→单击【关闭】,完成文本框的属性设置。

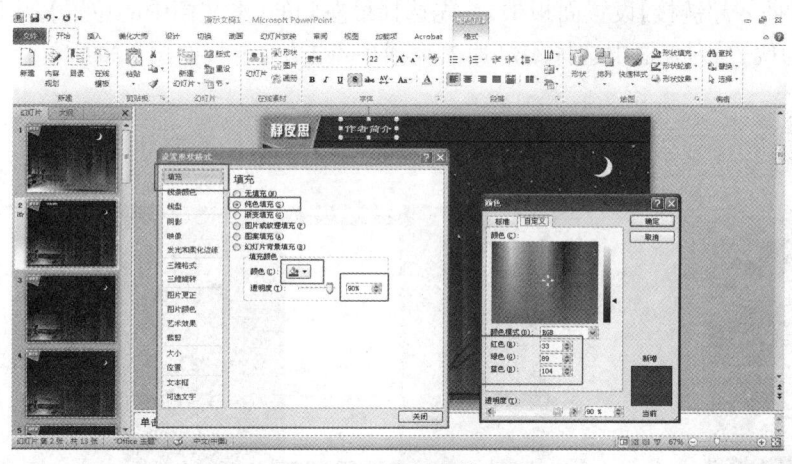

图3.31 文本框属性设置

③ 添加其他目录导航文本。复制"作者简介"文本框→粘贴4次→并分别修改文字内容为:"诵读·赏析"、"全诗讲解"、"读一读"、"写一写"→然后初步调整它们的位置。

④ 精确调整5项目录导航文本框的位置。拖动鼠标框选所有文本框→单击【格式】→【对齐】→【顶端对齐】按钮使其顶对齐→再次单击【对齐】→【横向分布】按钮,使所有菜单以"作者简介"文本框及"写一写"菜单项的位置为基准,调整其位置,并分布到适当的位置,制作完成的效果如图3.32所示。

图3.32 目录导航的文本完成效果

(3)制作目录导航的超链接关系

为了实现跳转,我们需要在制作完成的5个文本上设置超链接关系。在常规的超链接制作中可以看到凡是设置了超链接的文字都会有颜色上的更改以及文字下方会有一条下划线。但这样的效果与《静夜思》课件界面的设计不协调,为此我们在设计和制作目录导航超链接关系时,转化制作思路,将超链接关系设置在文字所存放的文本框上,而非直接设置在文字上,这样可以保证文本框中的文字效果不会发生自动的更改,同时也不会多出一条难以取消的下划线,但我们实现的导航和跳转效果是与制作在文字上的超链接效果完全一致的。参照前面所讲解的关于"制作幻灯片超链接"的方法,为5个文本框设置超链接关系:

① 鼠标右键单击选中"作者简介"文本框,弹出的快捷菜单中选择【超链接】,如图3.33所示。

② 在【插入超链接】设置面板中,首先选择最左侧的【本文档中的位置】,然后在【请选择文档中的位置】列表框中选择幻灯片2,完成后点击【确定】,如图3.34所示。

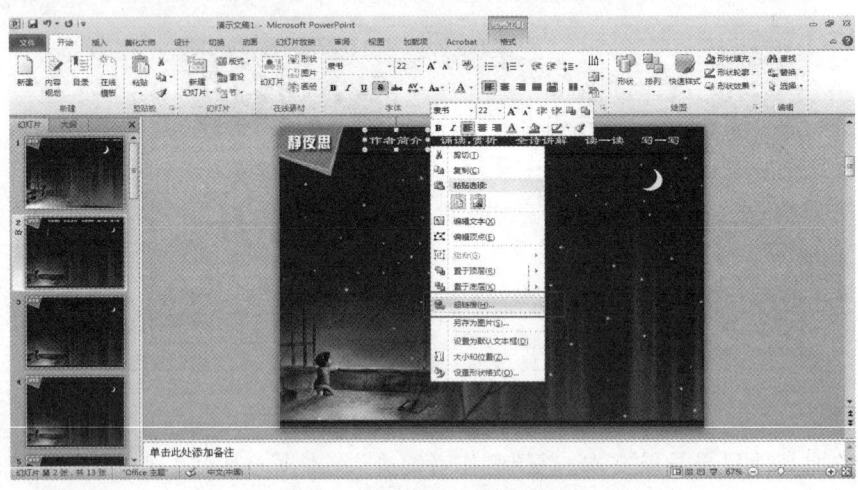

图3.33 作者简介超链接设置1

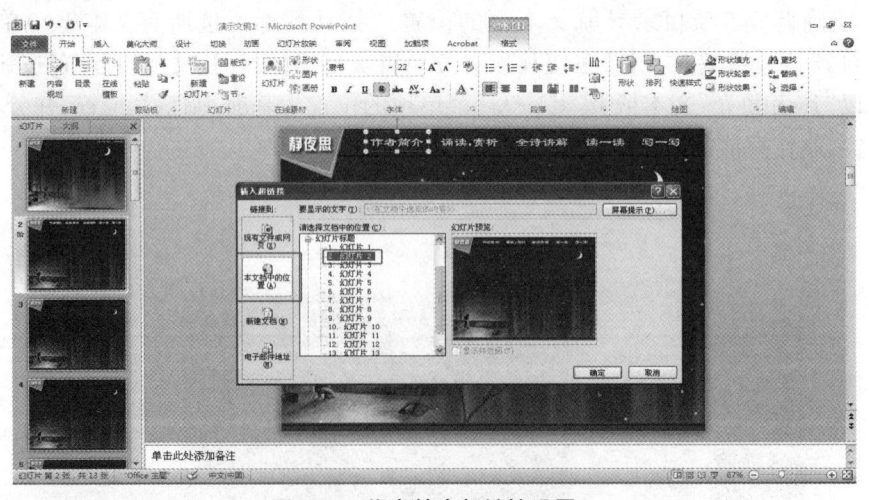

图3.34 作者简介超链接设置2

③ 采用相同的方法为"诵读·赏析"、"全诗讲解"、"读一读"、"写一写"四个文本框添加上超链接关系,依次将之链接到幻灯片第3、4、5、6页。

④ 为课件其他页面设置相同的目录导航。拖动鼠标框选设置好超链接的五个文本框,复制→粘贴7次→分别粘贴至幻灯片3~9页。通过这一操作可以让幻灯片页面之间形成较为灵活的链接和跳转关系,从而实现了对这个多媒体课件的导航。

技巧点拨：

在制作多媒体课件《静夜思》的导航时，我们采用了先完成超链接关系的制作再复制粘贴导航文本框的操作顺序，这样做可以有效减少操作步骤。因为在PowerPoint中当使用复制功能时，可以将所复制对象的各种属性一并进行复制，包括其超链接关系。这样我们就需要对第二页上的每一个导航文本框设置一次超链接关系，再进行复制粘贴，粘贴到后续页面中的导航文本框就会具有相同的超链接关系了。

巩固练习

1. 【填空题】多媒体课件中导航的主要功能和作用就是为了实现各个知识点之间的_____和_____。

2. 【判断题】无论哪种类型的多媒体课件，都应该设计和制作导航。（　　）
   A.正确　　B.错误

3. 【判断题】在进行导航设计时，为了保持多媒体课件的美观性，应将导航颜色与单纯叙述文字的颜色保持一致，不做区别。（　　）
   A.正确　　B.错误

4. 【判断题】多媒体课件中的导航元素及其设计风格应保持一致，以便于操作。（　　）
   A.正确　　B.错误

5. 【判断题】多媒体课件的导航设计应综合应用多种方法，避免单纯使用超链接。（　　）
   A.正确　　B.错误

6. 【多选题】多媒体课件中导航设计常用的形式有（　　）。
   A.组合图形　　B.利用图示　　C.利用目录　　D.按钮+标题

7. 【解答题】请分析论述多媒体课件中有效导航设计的作用。

模块四　多媒体课件的内容设计

【学习目标】

知识目标

能够说明矢量图与位图的含义和特点。

技能目标

能够使用PowerPoint软件将文字、图像、图形、音视频及动画等插入到多媒体课件中；

能够根据多媒体课件的脚本需要设计并制作课件内容；

能结合实例,评价并修改多媒体课件内容。

情感、态度、价值观目标

感受多媒体课件内容制作过程体现的系统化设计思想与教育学理论,并意识到艺术修养的重要性,同时乐于分享课件内容设计与制作的技巧和实践经验。

【重难点】

利用PowerPoint软件完成课件内容的制作

根据实例,对多媒体课件内容进行评价

第一节 多媒体课件中文字的设计与制作

操作示范

多媒体课件的功能是向学生传递信息,信息的基本表现形式是文字。使用 PowerPoint 制作课件时,可以采用多种方式向幻灯片中添加文字。

一、文字的输入

1. 利用占位符输入文字

占位符顾名思义就是先占住一个固定的位置,等着往里面添加内容的符号。在幻灯片中表现为一个虚框,虚框内部往往有"单击此处添加标题"之类的提示语,一旦鼠标点击之后,提示语会自动消失。

在新建幻灯片时,除了"空白"等幻灯片版式外,其余幻灯片版式均含有文本占位符,供我们输入文字时使用。我们用此方法为《静夜思》课件首页添加文字。操作步骤如下:

①右键单击第一张幻灯片,在弹出的快捷菜单中选择【版式】→【标题幻灯片】,以使得第一张幻灯片中出现正副标题文本占位符,如图4.1所示。

图4.1 利用占位符输入文字

②在正副标题文本占位符框中输入"静夜思"和"唐·李白"。

③优化文字效果。为标题"静夜思"设置文字效果。选中"静夜思"三个字,点击【开始】→在【字体】组中,选择字体为"隶书",字号为"80",颜色为白色,添加阴影效果。采用相同的方法为副标题"唐·李白"设置文字效果字体为"华文行楷",字号为"36",颜色为"黄色"。为了准确确定黄色,我们可以通过点击字体颜色中的【其他颜色】,弹出如图4.2所示的对话框,设置其中的 RGB 三基色颜色,在此我们确认所需的 RGB 值为 R255,G255,B0,完成后的效果如图4.3所示。

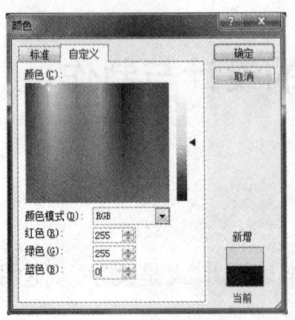

图4.2 文字颜色设置　　　　图4.3 《静夜思》第一页文字效果

> **技巧点拨：**
> 　　《静夜思》课件中有关文字效果的设置，在第二模块《静夜思》脚本设计中都有较为详细而全面的说明，在制作过程中请参见模块二第二节的内容。

2. 利用文本框插入文字

　　文本框是指一种可移动、可调大小的文字容器。使用文本框，可以在一页上放置数个文字块或使文字按与文档中其他文字不同的方向排列。在PowerPoint中文本框分为横排和竖排两种。横排文本框也称为水平文本框，其文字按从左到右的顺序进行排列，竖排文本框也称为垂直文本框，其文字按从上到下的顺序进行排列。

　　我们用此方法为《静夜思》课件第二页添加正文文字。操作步骤如下：

　　①点击【插入】→【文本框】→【横排文本框】按钮，鼠标拖动绘制出一个文本框，以便输入文字，如图4.4所示。

图4.4　插入文本框效果图

　　②在文本框中输入作者简介的文字内容，具体内容请参见模块二第二节。

　　③优化文字效果，为输入的文字设置文字效果。由于这段文字具有相同的文字效果，因此在设置时可以选中文本框为文字设置效果，而不用单独拖选文字。鼠标单击文本框，点击【开始】→在【字体】组中，选中字体为"隶书"，字号为"24"，颜色为白色。点击【开始】→在【段落】组中，展开段落设置对话框，设置首行缩进1.98厘米，段前6磅，1.1倍行距，完成后的效果如图4.5所示。

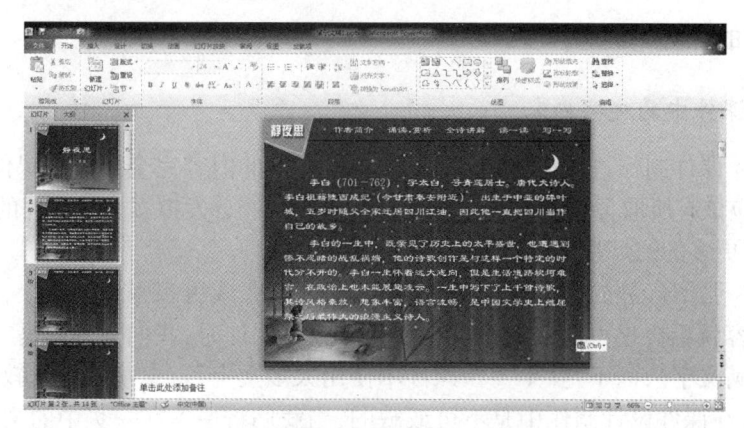

图4.5 《静夜思》第二页文字效果

3. 特殊文字符号的输入

在制作多媒体课件的过程中我们经常需要输入一些特殊的文字符号,例如数学公式、化学方程式、物理公式、汉语拼音、希腊字母等,这些文字符号通常很难通过键盘直接输入。对于这些特殊的文字符号我们通常是通过【插入】功能选项来输入。下面我们以制作《静夜思》课件第五页为例来说明特殊文字符号的输入。操作步骤如下:

①点击【插入】→【文本框】→【横排文本框】按钮,鼠标拖动绘制出一个文本框,以便输入文字。

②在文本框中输入第一个文字"静"。

③输入拼音。点击【插入】→【文本框】→【横排文本框】→输入英文"jing"→选中其中的字母"i"→再次点击【插入】→【符号】→在"符号对话框"中【字体】:普通文本;【子集】:拉丁语-1增补→拖动滑块在符号表格中选择"ì"(将英语字母"i"更换为拼音韵母"ì")。

④优化文字效果。为输入的文字设置文字效果,鼠标选中"静"字,点击【开始】→在【字体】组中,选中字体为"黑体",字号为"36",加粗,颜色为白色。鼠标选中"jing"拼音,点击【开始】→在【字体】组中,选中字体为"Arial",字号为"32",颜色为黄色(R255,G255,B0)。

⑤依照上述步骤,依次添加后续9个汉字及其拼音。完成后,首先将所有的汉字进行对齐,具体方法为:选中第一行汉字,点击【格式】→ 在【排列】组中,选择【对齐】,设置为"上下居中"。在此修改第一个汉字"静"和最后一个汉字"举"的位置,但注意在修改时仅对其左右位置进行调整,不宜再修改其上下位置,然后点击【格式】→ 在【排列】组中,选择【对齐】,设置为"横向分布",即可完成第一行汉字的对齐。用相同的方法设置其余汉字以及拼音与汉字的位置关系,完成效果如图4.6所示。

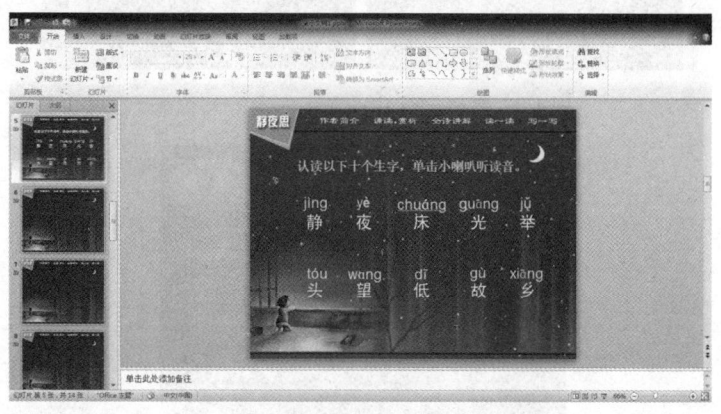

图4.6 《静夜思》第五页文字效果

二、文字的优化

1. 提炼课件中的文字内容

在多媒体课件制作过程中,不能简单地将教材上的内容完全照搬到课件中,对于教材上的内容应该有所取舍,在表现形式上要恰当合理,充分发挥多媒体课件的优势。

(1)使用更多的幻灯片来展示文字内容

如果把一张幻灯片的内容合理地分散到两张、三张或更多张幻灯片上,那么幻灯片页面上的内容就不会显得那么拥挤。在制作多媒体课件时,我们强调的是"不要在一张幻灯片上排满文字",而不是"不要在课件中使用太多文字"。文字是传达教学内容非常重要的方式,在课件设计制作中是不可或缺的,当我们将原本在一页中的文字进行分散布局时,需要特别注意文字内容的连续性,在任何时候,内容之间都要有清晰的逻辑。

(2)精简内容,提炼关键字词

对于大多数的内容,我们都可以将描述、解释说明的部分删除,只保留关键性的信息,以保证这些关键性的内容能被学习者注意到。至于内容的解释以及描述,教师在使用课件过程中可以用自己的解释引导学习者对内容的理解。具体而言我们可以通过以下两种方法来实现关键字词的提炼,以达到精简内容的效果:

①直接从句子中提炼关键词

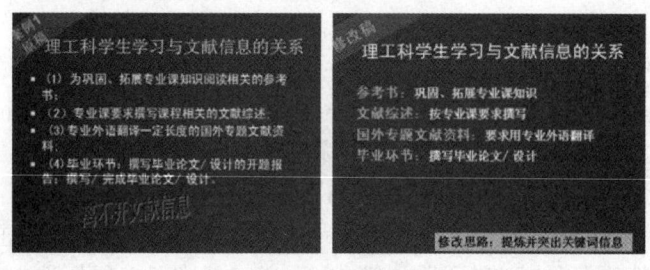

图4.7　精简PPT中的文字内容1

②当无法直接从句子提炼关键词时,我们则需要对文字内容仔细揣摩,理解后通过概括来实现内容的精简。

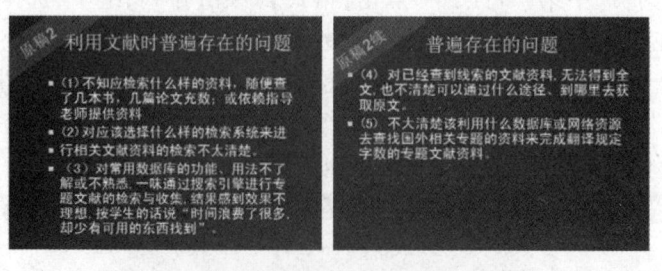

图4.8　精简PPT中的文字内容2-修改前

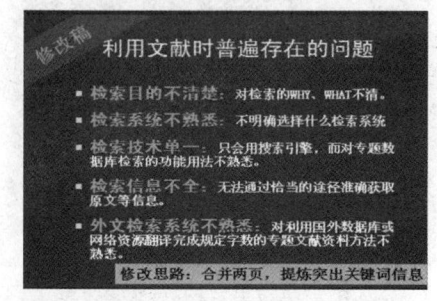

图4.9　精简PPT中的文字内容2-修改后

2. 优化文字的其他方法

前面我们已经学习了通过简单设置文字及文字所在的文本框等方法来优化文字,除此之外,还有更多的设置可以优化文字效果,下面我们将进一步来学习优化文字的方法:

(1)文字的优化

对文字的优化,首先选中需要优化的文字,然后通过单击【开始】选项卡中的【字体】和【段落】组,设置其中相关的属性来实现。

在【字体】组中主要设置文字字体、字号、加粗、清晰、下划线、阴影、删除线、字符间距、大小写以及文字颜色等属性,如图4.10所示。

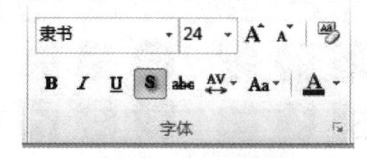

图4.10 字体组选项

更多的字体属性设置,则可以点击【字体】组右下角的按钮,展开字体属性设置对话框,如图4.11所示。

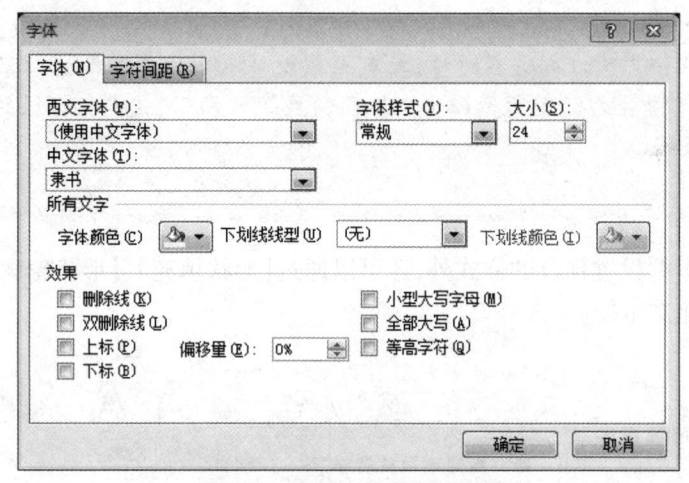

图4.11 字体属性设置对话框

(2)文本框的优化

除了对文字本身进行各种属性设置来优化文字效果外,我们还可以对文字所在的文本框进行属性设置。这里的文本框优化,既包括占位符文本框也包括通过【插入】选项卡插入的横排文本框和垂直文本框。

首先选中需要优化的文本框,然后点击【格式】选项卡,在【形状样式】组中进行文本框属性的设置,如图4.12所示。

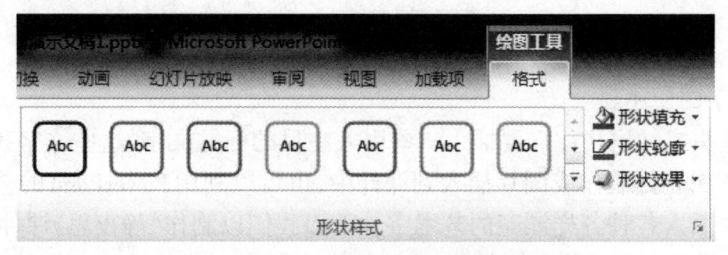

图4.12 形状样式组选项

在形状样式选择框中,点击按钮,可以展开如图4.13所示的文本框预设样式,通过点选其中的某一效果为文本框设置预置的文本框样式。

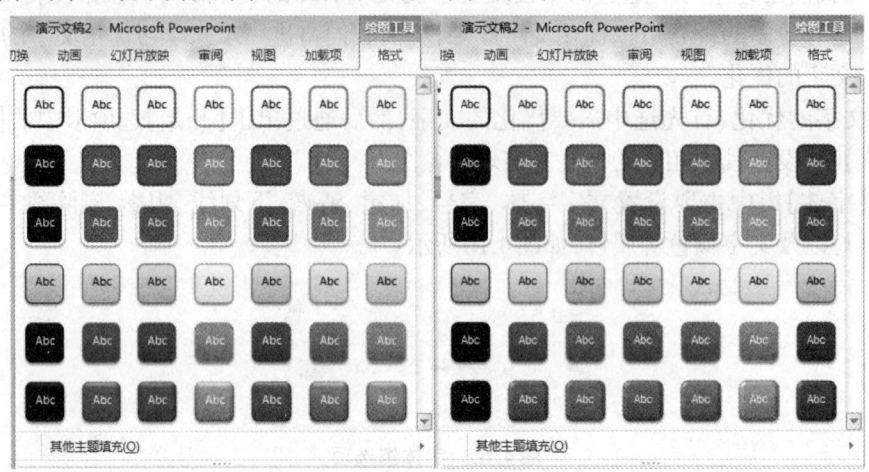

图4.13　文本框预设样式

技巧点拨:
　　当PPT设置的主题不同时,文本框预设样式中出现的配色效果各不相同,如图4.13左右两图所示即为在不同的主题效果下,文本框预设的不同配色效果的样式。

除了为文本框设置预设的样式外,还可以通过【形状填充】、【形状轮廓】、【形状效果】三个选项来优化文本框。

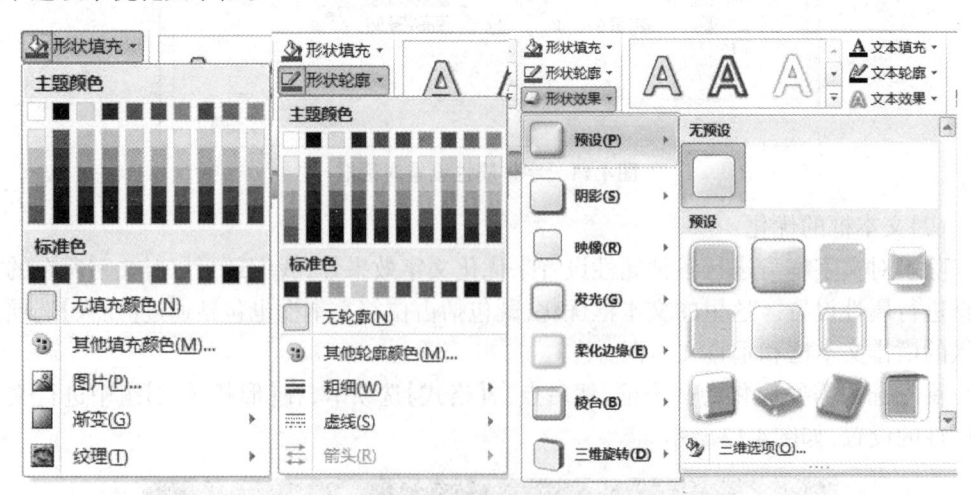

图4.14　形状填充、形状轮廓与形状效果选项

(3)艺术字的使用

课件的片头或结尾往往需要插入一些引人注目的标题文字,这些文字我们可以利用相关的图形图像软件制作成图片插入到课件中,也可以利用PowerPoint的艺术字功能直接在幻灯片中插入各种各样漂亮的艺术字。下面我们以制作《静夜思》课件第10页为例来说明艺术字的使用。操作步骤如下:

①点击【插入】→在【文本】组中选择【艺术字】,将弹出如图4.15所示的艺术字列表框。在列表框中选择需要的艺术字样式。《静夜思》第10页所需的艺术字效果为最后一行第三个艺术字样式。

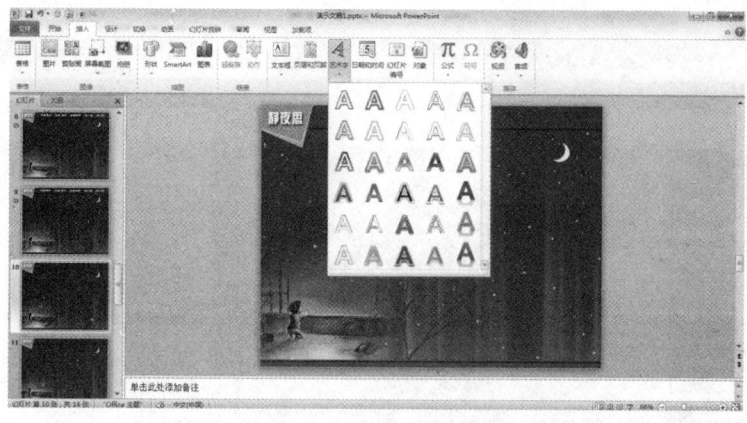

图4.15 插入艺术字

②选择好合适的艺术字样式后,在幻灯片页面内单击鼠标,将出现如图4.16所示的艺术字文本框。

图4.16 艺术字文本框

③在艺术字文本框中输入课件结束页面文字——"谢谢!"。

④进一步修改艺术字效果。选中艺术字"谢谢!",单击【开始】→在【字体】组中,选择字体为"隶书",字号为"80",颜色为天蓝色(R21,G194,B255),完成效果如图4.17所示。

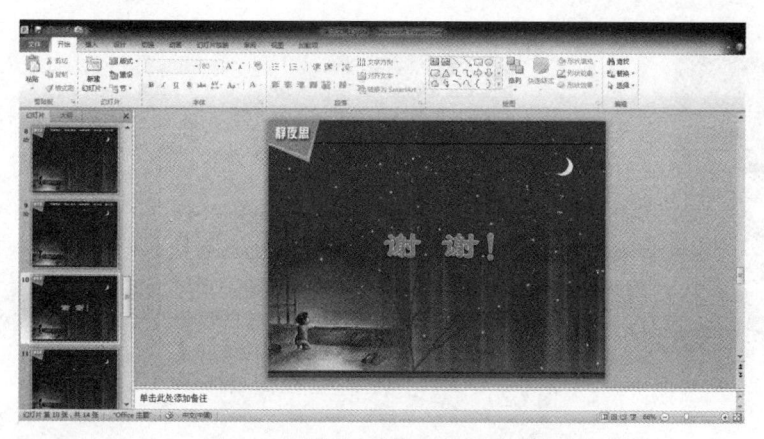

图4.17 《静夜思》第10页文字效果

三、《静夜思》课件其他页面文字制作效果

利用上述文字输入及优化方法,为《静夜思》课件其他页面制作文字并设置效果,具体效果图如下所示:

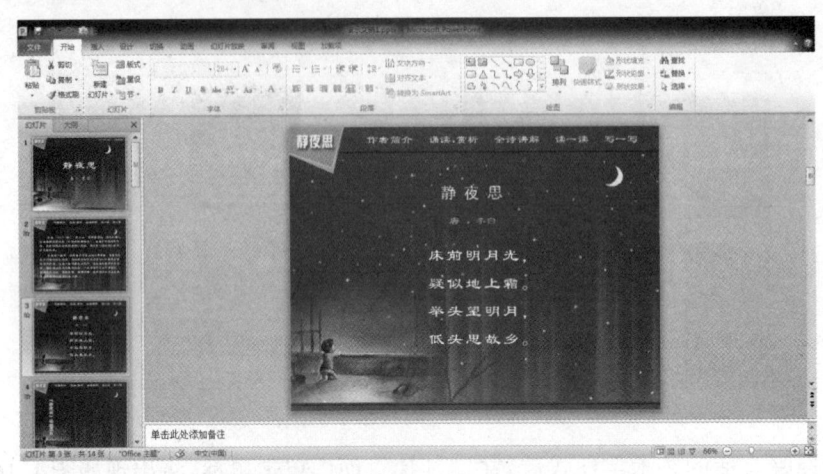

图4.18 《静夜思》第三页文字效果

图4.19 《静夜思》第四页文字效果

图4.20 《静夜思》第六页文字效果

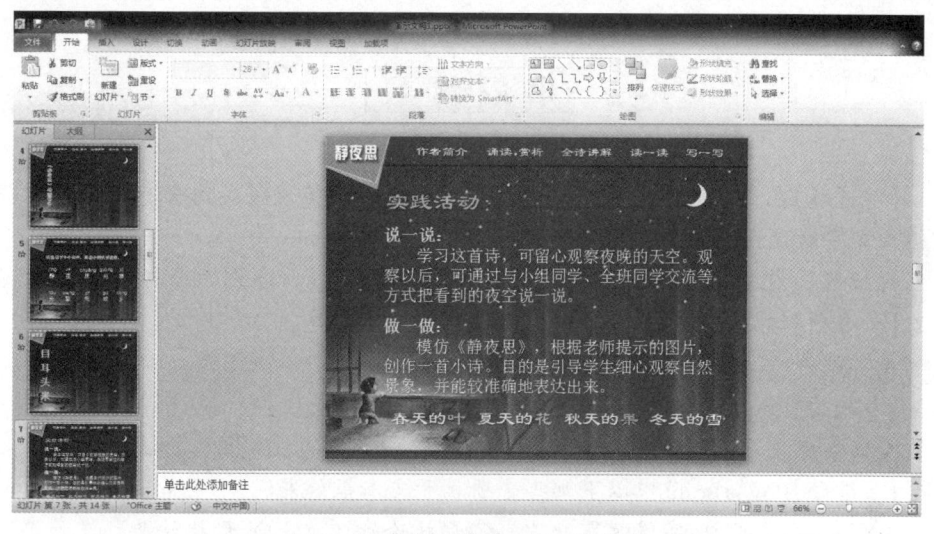

图4.21 《静夜思》第七页文字效果

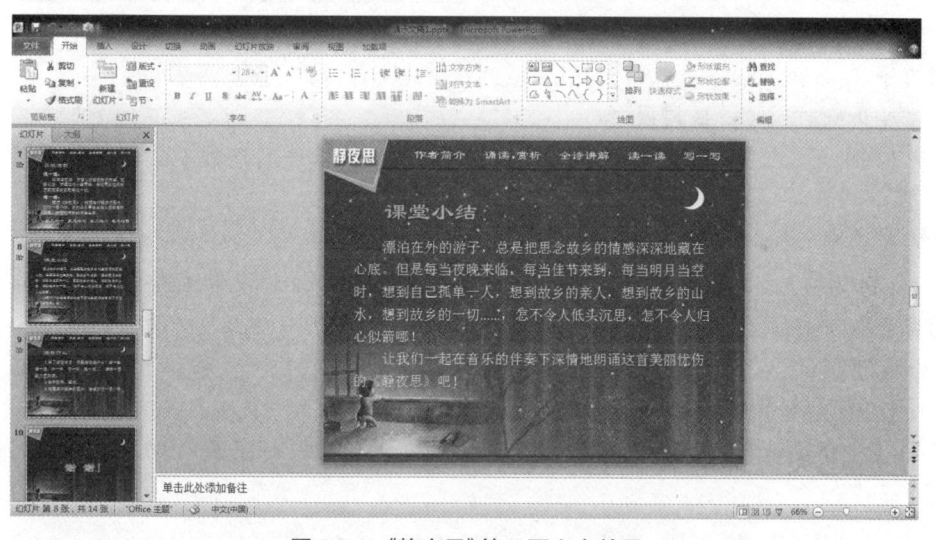

图4.22 《静夜思》第八页文字效果

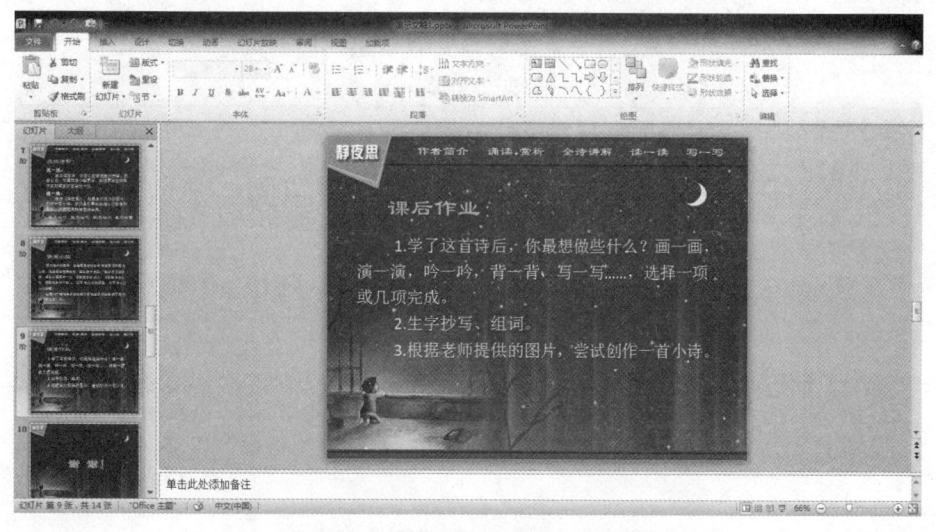

图4.23 《静夜思》第九页文字效果

巩固练习

1.【单选题】在新建幻灯片时,除了(　　　)版式外,其余版式均含有文本占位符,供我们输入文字时使用。
　　A.标题和内容　　B.空白　　　　C.标题幻灯片　　D.图片与标题

2.【多选题】幻灯片中可以利用以下哪些方法输入文字(　　　)
　　A.占位符　　　　B.艺术字　　　C.文本框　　　　D.图片

3.【多选题】PowerPoint中可以输入以下哪些特殊字符(　　　)
　　A.数学公式　　　B.汉语拼音　　C.希腊字母　　　D.化学方程式

4.【多选题】PowerPoint中以下哪些选项属于文本框效果(　　　)
　　A.形状填充　　　B.字体效果　　C.形状轮廓　　　D.形状效果

5.【填空题】PowerPoint中的文本框分为＿＿＿＿＿＿和＿＿＿＿＿＿。

6.【判断题】文字是传达教学内容非常重要的方式,课件制作时不要在一张幻灯片上排满文字。
　　A.正确　　　　B.错误

7.【判断题】文字是传达教学内容非常重要的方式,课件制作时不要在课件中使用太多文字。
　　A.正确　　　　B.错误

8.【判断题】文本框形状样式中预设的样式会随着幻灯片设计主题的不同而出现不同的配色效果。
　　A.正确　　　　B.错误

9.【名词解释】占位符

10.【综合设计】请利用"直接从句子提炼关键词"方法,对下面幻灯片中的文字进行精简。

理工科学生学习与文献信息的关系

(1)为巩固、拓展专业课知识阅读相关的参考书。

(2)专业课要求撰写课程相关的文献综述。

(3)专业外语翻译一定程度的国外专题文献资料。

(4)毕业环节:撰写毕业论文/设计的开题报告;撰写/完成毕业论文/设计。

第二节　多媒体课件中图形图像的设计与制作

操作示范

图形和图像是直观化呈现课件内容的重要方式，也是美化课件的重要要素，能更快地传递信息和情感。运用好图形图像可以吸引观众的注意力，产生强烈的震撼力，让课件更加丰富多彩。PowerPoint 2010 可以方便地向幻灯片中添加图片、绘制图形，并对图形图像进行快捷编辑处理，为课件增添风采。

一、插入图像

1. 外部图像的插入

在 PowerPoint 课件制作过程中，我们经常用到的图片格式有 JPG、GIF、PNG、BMP、TIF 等，不同的图片特点和效果各异。我们以《静夜思》第 11 页为例插入图片，具体步骤如下：

①点击【插入】→【图片】按钮，打开插入图片对话框（如图 4.24 所示），插入来自文件的图片，这里选择文件夹"静夜思/素材/春天的花.jpg"，插入后如图 4.25 所示。

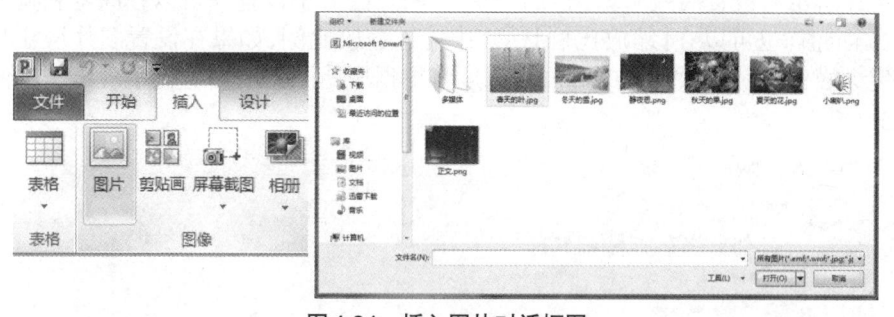

图 4.24　插入图片对话框图

图 4.25　插入图片

②裁剪图片。选中刚插入的图片，点击【格式】，在【大小】组中单击【裁剪】，图片周围出现如图 4.26 所示的裁剪框，拖动裁剪框上各方向的控制柄，把我们需要保留的图像呈

现在裁剪框内,完成裁剪操作后,单击【裁剪】按钮,不希望显示的图片部分就不可见了。需要注意的是,这里的裁剪并不是真正把不需要的部分扔掉,而是保存图片的大小不变,将不希望显示的部分隐藏起来,当需要重新显示被隐藏的部分时,还可以通过【裁剪】工具进行恢复。

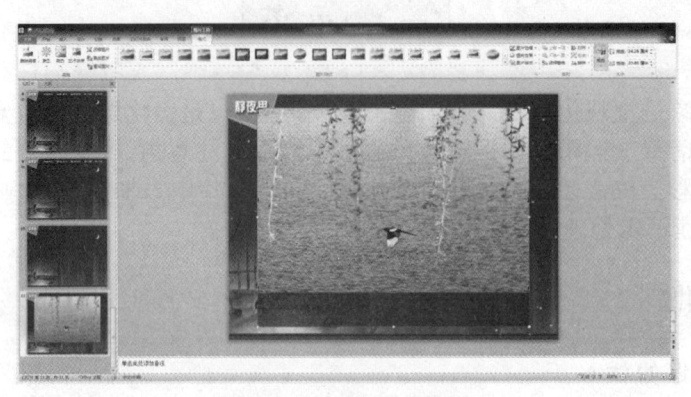

图4.26 裁剪框示例

③调整图片大小和位置。点击【格式】选项卡中【大小】组下方的按钮,弹出【设置图片格式】对话框,分别在【大小】组和【位置】组中设置图片的尺寸和位置,如将图片尺寸设置为高度12厘米,宽度18厘米;将水平和垂直位置均设置为"3.8厘米",自"左上角"(如图4.27所示),设置后效果如图4.28所示。图片的大小设置既可以在高度和宽度处直接输入固定值,也可以在【缩放比例】标签中输入缩放比例,如果在设置图片尺寸时选中了"锁定纵横比"复选框,图片的高度和宽度将根据原始图片的高宽比呈现出等比例的自动变化。

图4.27 设置图片格式对话框

图4.28 调整大小和位置后的图片效果

④为图片添加边框。选中图片,点击【图片工具】→【格式】,在【图片样式】中选择【复杂框架,黑色】(如图4.29所示);为与背景更加协调,我们为边框设置颜色,点击【图片边框】→【其他轮廓颜色】,打开设置颜色对话框,设置其中的RGB三基色颜色值为R255,G153,B51,完成后的效果如图4.30所示。

图4.29 选择图片样式

图4.30 设置边框后的图片效果

⑤请参照模块二脚本内容,用上述方法为《静夜思》第12~14页幻灯片分别插入图片"夏天的花.jpg、秋天的果.jpg、冬天的雪.jpg",并设置相应效果,最终效果如图4.31所示。

图4.31 《静夜思》第12~14页插入图片效果

技巧点拨：

如需要在同一张幻灯片中插入多张图片，可以按住Ctrl键依次单击需要插入的图片将它们同时选中，然后单击"插入"。

选中图片后点击【图片样式】组中的 图标，或点击鼠标右键，在弹出的快捷菜单中选择"大小和位置"或"设置图片格式"命令，可快速调出【设置图片格式】对话框对图片进行设置。

2. 插入剪贴画与屏幕截图

剪贴画是用计算机软件绘制的矢量图形素材。所谓矢量图，又叫向量图，在数学上定义为一系列点与点之间的关系。矢量图使用线段和曲线描述图像，它所记录的是对象的几何形状、线条粗细、色彩和位置信息等。其优点是文件容量小，任意放大或缩小而不会出现图像失真现象，缺点是难以表现色彩层次丰富的逼真图像效果。与之对应的另一个概念是位图，位图又叫点阵图或像素图，是由无数的色彩点组成的图像。其大小和质量取决于图像中像素点的多少，每平方英寸中所含像素越多，图像越清晰。位图的主要优点在于表现力强、细腻、层次多、细节多，缺点是文件容量较大，进行放大、缩小或旋转时会出现图像失真现象。

在Office剪辑图库中包含了多种各式各样的剪贴画，我们可以对其进行任意组合以供使用。操作步骤为：

①打开要向其中添加剪贴画的幻灯片，单击【插入】→【剪贴画】，在文档的右边出现任务窗格（如图4.32所示）。

②在【剪贴画】任务窗格中的【搜索】文本框中，输入用于描述所需剪贴画的关键字如"春天"（如图4.33所示），单击"搜索"。如果我们的计算机处于联网状态可以选中【包括office.com内容】复选框以获取更多的剪贴画，若要缩小搜索范围，在【结果类型】列表中选中相应类型的复选框（如图4.34所示），如"插图"以搜索此类媒体类型素材。

③在"剪贴画"任务窗格下方空白处显示搜索结果。右击合适的剪贴画，在弹出的快捷菜单中选择"插入"命令即可插入剪贴画（如图4.35所示）；或双击剪贴画也可插入剪贴画；还可按住鼠标不放，将选择的剪贴画拖动到编辑工作区中。

④通过拖拉边框控制柄或设置大小的方式对剪贴画进行缩放、旋转等修改。如果我们在媒体类型中选择的是"插图"，则图片不会出现图像失真现象，如果选择的是"照片"进行缩放等操作会出现图像失真现象。

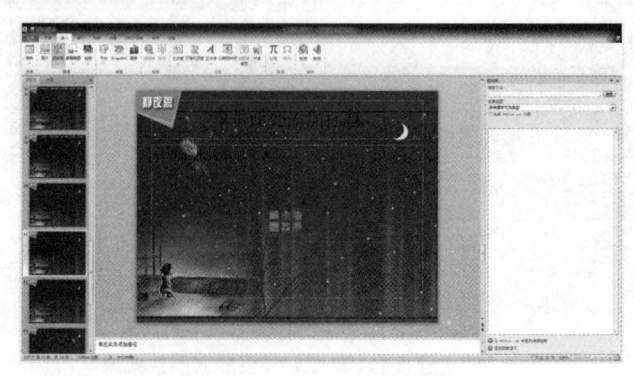

图4.32　剪贴画任务窗格

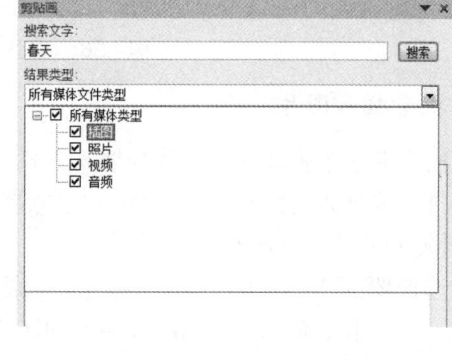

图4.33　搜索剪贴画　　　　　　图4.34　搜索剪贴画结果类型

图4.35　插入剪贴画

屏幕截图是PowerPoint 2010中新增的功能,我们可以不再依赖其他截图软件就可轻松截取屏幕。操作方法与插入图片类似,在要添加屏幕截图的幻灯片中,单击【插入】→【屏幕截图】,根据需要执行下列操作之一:

①若要添加整个窗口,单击"可用视图"库中的缩略图。

②若要添加窗口的一部分,单击"屏幕剪辑",当指针变成十字时,按住鼠标左键以选择要捕获的屏幕区域。

③如果有多个窗口打开,单击要剪辑的窗口,然后再单击【插入】→【屏幕截图】→【屏幕剪辑】。当单击【屏幕剪辑】时,正在使用的程序将最小化,只显示它后面的可剪辑的窗口。

二、图片的编辑处理

通过上述方法将图片插入到幻灯片后,大多数情况下,图片并不符合课件的要求,我们还需要对其尺寸、位置、颜色等基本属性进行修改,或对其设置更好的艺术效果和立体效果等。对图片的编辑处理,首先选中需要处理的图片,然后点击【格式】选项卡,通过设置【调整】、【图片样式】、【排列】、【大小】四个组(如图4.36所示)的相关属性来实现。前面我们讲解了裁剪图片、调整图片大小和位置、为图片添加边框的方法,这里我们讲解其他常见的图片编辑处理方法。

图4.36　图片格式选项卡

1. 批量插入图片

我们掌握了单张和多张图片的插入方式，还可以采用更快捷的方式，具体步骤如下：

①打开要插入的图片所在文件夹，以缩略图形式查看，选择要插入的图片，单击鼠标右键→【复制】（或按Ctrl+C）；

②选择要插入图片的幻灯片，单击【右键】→【粘贴】（或按Ctrl+V），图片就插入到幻灯片中了。一般复制或插入的图片会自动居于画面中央并保持原图片尺寸大小。

如果我们要插入一整批图片，并且每页所插入的图片按一定顺序分布（如每页幻灯片呈现一张/两张/四张图片），可以采用相册的制作方法实现，操作方法如下：

点击【插入】→【相册】→【新建相册】，在弹出的【相册】对话框（如图4.37所示）中，选择【插入图片来自文件/磁盘】，到文件夹中选择希望批量插入的图片，然后可以对图片的呈现顺序、方向、对比度、亮度以及图片版式进行设置（如图4.38所示），点击【创建】，就得到了纯白背景的图片集。再对图片集进行编辑处理，换上合适的背景，这样就省去了逐页插入图片的麻烦。

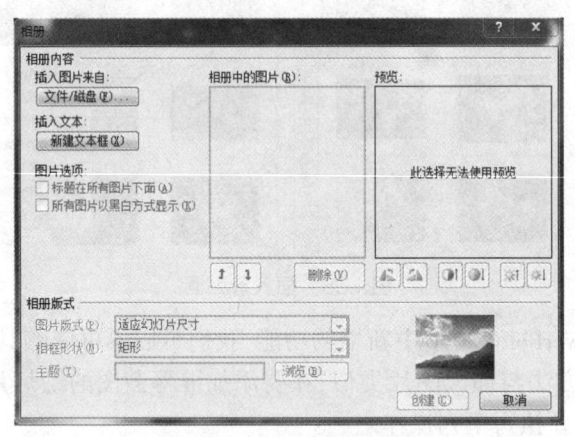

图4.37　插入相册对话框

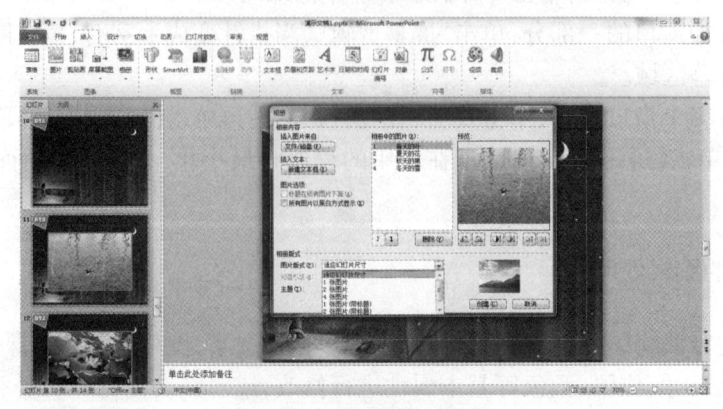

图4.38　相册设置对话框

2. 快速设置图片样式与效果

PowerPoint 2010中为图片添加了更加丰富、自然、艺术的预设效果，实现起来简单快捷。根据形状、阴影、映像、边缘以及棱台的不同,【图片样式】中预设了28个快捷效果。点击【图片工具】→【格式】→【图片样式】组右边的 图标,即可查看预设的全部快捷效果,如图4.39所示。其特点是方便快捷,只需点击一下鼠标就可以实现以前版本难以想象的效果。操作方法为:选中要设置效果的图片,在预设的快捷效果中"单击"选择需要的效果即可。

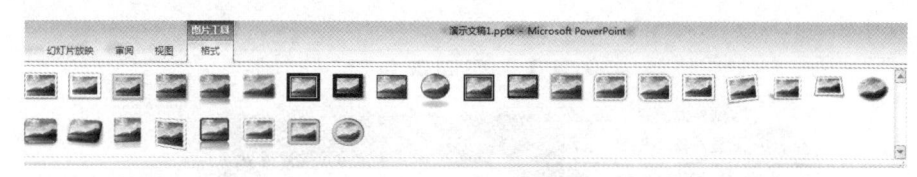

图4.39 图片样式选项

如果预设的快捷效果不能满足我们的设计需要,我们可以结合【图片边框】、【图片效果】、【图片版式】选项(如图4.40所示)对图片进行编辑处理。

【图片效果】提供了丰富的图片立体化效果,其中包含了12种预设效果,我们只需点击相应的按钮就可灵活选择搭配,同时,该项中对阴影、映像、发光、柔滑边缘、棱台、三维旋转等分项预设了多种预设效果;如果这些预设效果仍然不能满足需求,我们还可以点击下方的选项按钮(如【三维选项】),在弹出的【设置图片格式】对话框(如图4.41所示)中,选择相应的属性,对效果参数进行手动修改,达到设计效果。需要注意的是,立体效果虽然比平面更有真实感,能给人强烈的视觉冲击,帮助学生理解学习内容,但并不是用得越多越好。在使用时不能喧宾夺主,要尽量做到画面统一,依据主题和背景慎重选择。

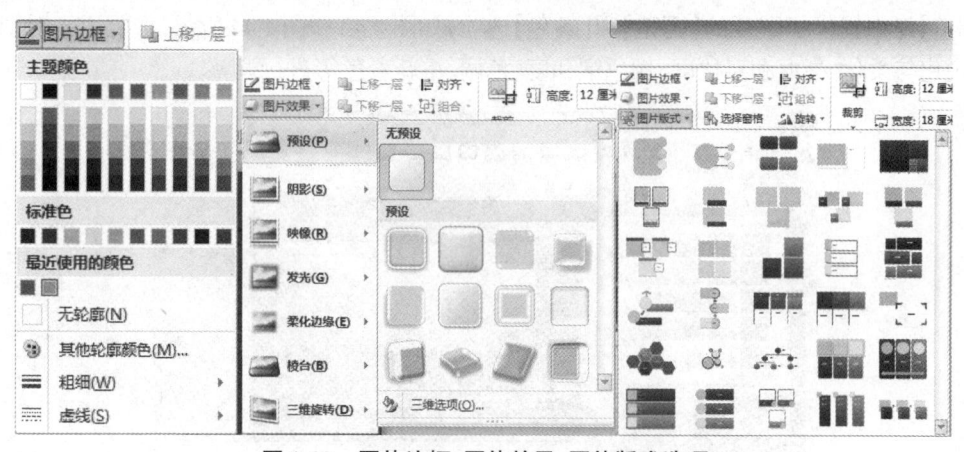

图4.40 图片边框、图片效果、图片版式选项

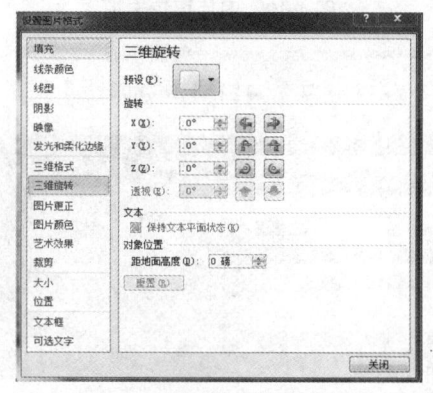

图4.41 设置图片格式对话框

3. 快速设置图片艺术效果

PowerPoint 2010中提供了22种快速的图片艺术效果(如图4.42所示),省去了在其他专业图形图像软件中进行处理的麻烦。我们只需点击【图片工具】→【格式】→【调整组】中的【艺术效果】,就可以快速选择其中一种,而且能以"所见即所得"方式在编辑区内预览所选效果。

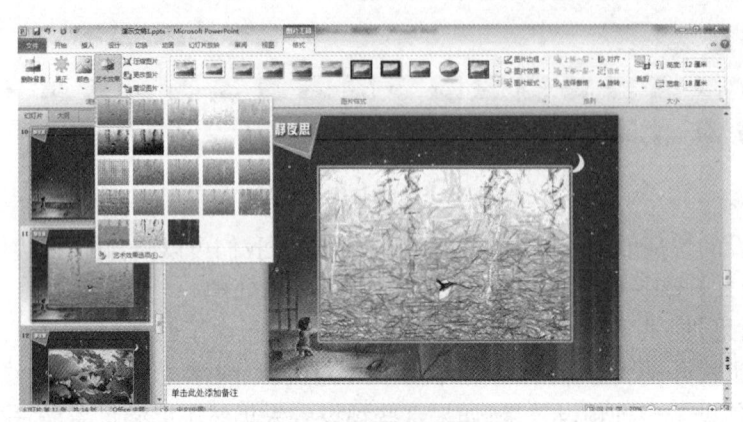

图4.42　图片艺术效果选项

4. 修饰图片,提升质量

我们平时所用图片在画面质量方面难免存在瑕疵,在对专业处理软件不熟悉的情况下,运用PowerPoint提供的修饰工具也可明显提升图片效果。点击【图片工具】→【格式】,在【调整】组中提供了图片的【更正】和【颜色】选项,如图4.43和图4.44所示,主要用于对图片的锐化与柔化、亮度和对比度、颜色饱和度、色调、重新着色等进行调整。

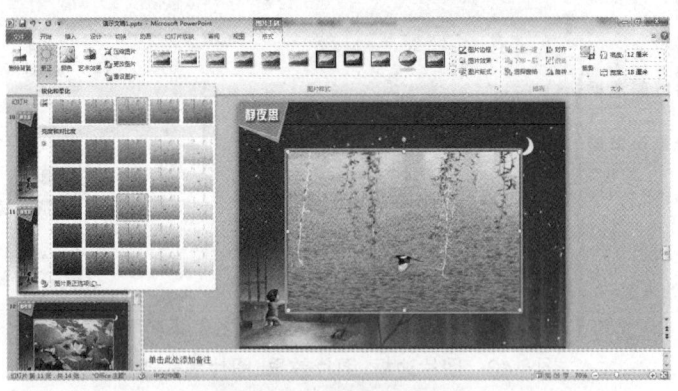

图4.43　图片更正选项

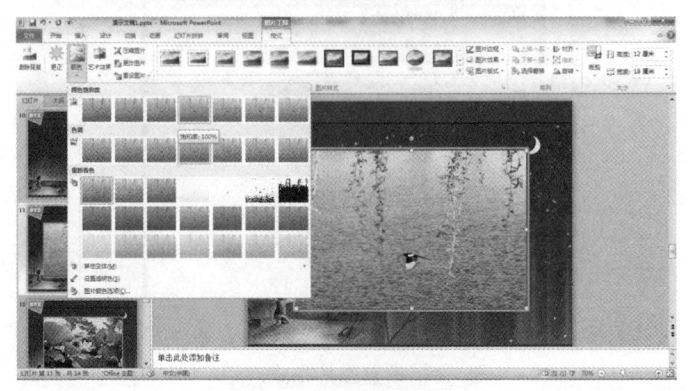

图4.44　图片颜色选项

5. 图片的重设与快速更换

有时我们为图片进行了多次编辑处理后仍达不到预期效果,却又不能通过【撤销】命令回到插入时的初始状态,这时可以通过点击【图片工具】→【格式】→【重设图片】或【重设图片和大小】命令,如图4.45所示,快速更改图片的样式与效果。选择【重设图片】命令即将图片恢复到没有添加任何效果的状态,但保留了对其大小和位置修改的操作;选择【重设图片和大小】命令则在【重设图片】的基础上同时撤销对其大小所做的修改。

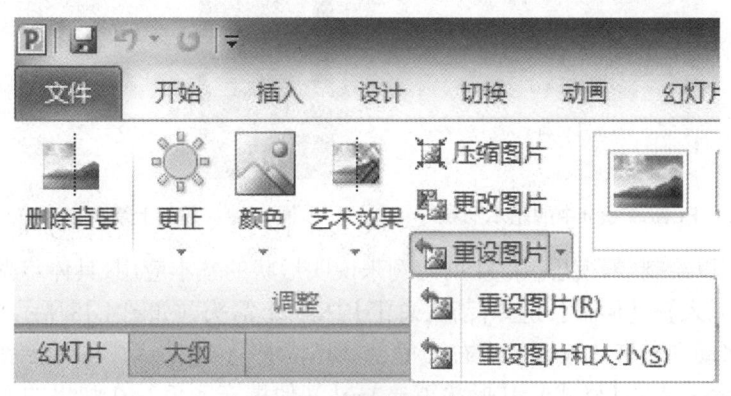

图4.45 重设图片选项

当我们设置好图片的所有效果后,却希望更换为另一张更契合主题的图片,并且不通过复杂的步骤重新设置效果就能保持现有图片设置好的质感、样式、位置等不变。通过【更改图片】命令即可快速实现此功能,操作方法如下:

①选中幻灯片中需要替换的图片;

②点击【图片工具】→【格式】→【更改图片】按钮,或者右键单击图片,在弹出的快捷菜单中选择"更换图片"命令,如图4.46所示;

③在弹出的对话框中选择需要使用的图片,确定即可。

图4.46 快速更改图片

三、图形图表的绘制与运用

一些基本的平面图形,如果通过插入的方法不能满足实际需要,我们可以在幻灯片中自由绘制一些成型的图形,以表达我们的设计思想,提升演示文稿效果。

1. 基本图形的绘制与优化

PowerPoint 2010中,绘图的形状都在【插入】→【形状】中,共9类173个形状,如图4.47所示,这基本涵盖了常用的形状,运用这些形状就能绘制出丰富多彩的图形来。

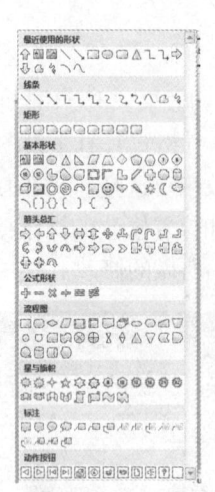

图4.47　PowerPoint中的基本形状　　　　图4.48　插入上箭头

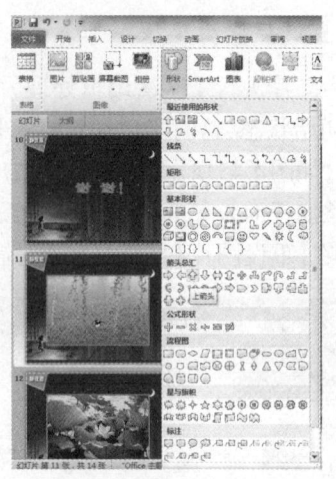

下面我们以绘制《静夜思》第11页为例来说明形状的基本应用，具体步骤如下：
①点击【插入】→【形状】，选择【箭头总汇】中的"上箭头"（如图4.48所示）；
②鼠标移动到幻灯片编辑区的右下角，呈现出"十"字形，拖动鼠标，绘制出箭头；
③选中箭头，点击【格式】→【形状填充】→【其他填充颜色】，在弹出的颜色对话框中设置颜色值为R21,G194,B255,设置效果后如图4.49所示；
④选中箭头，调整其大小和位置（参考值：高度"1cm"，宽度"1.2cm"；位置为水平自左上角23.7cm，垂直自左上角17.5cm），完成后效果如图4.50所示。

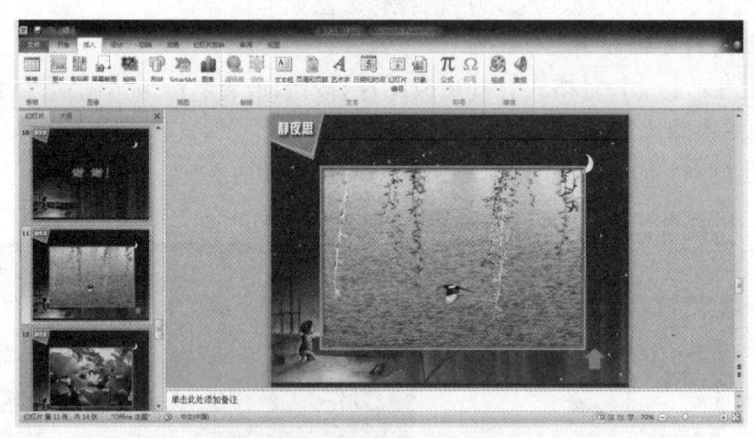

图4.49　图形填充颜色效果

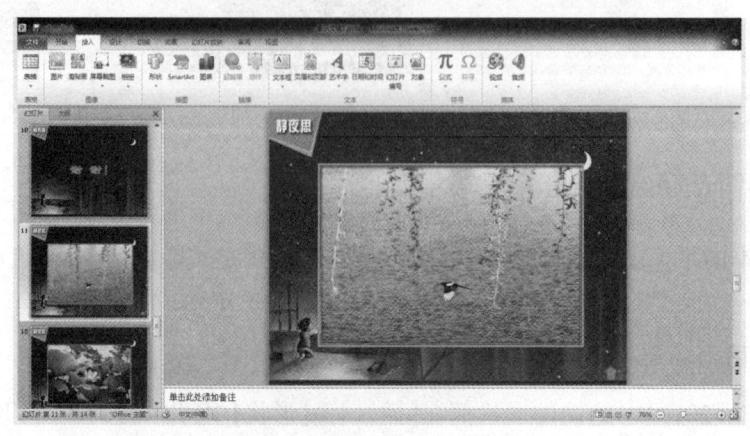

图4.50　设置图形大小和位置效果

技巧点拨：

在绘制圆形、矩形、三角形等任何一种基本图形时，按住Shift键，能得到按照默认图形形状等比例放大或缩小的图形，不会发生扭曲和变形。比如椭圆形会变成圆形，矩形会变成正方形。

绘制图形后，我们可以通过【格式】等选项对其进行编辑和优化。

（1）在图形中编辑文字

任何绘制好的封闭图形里都可添加文字。选中绘制好的图形，点击右键→【编辑文字】，即可在图形中添加文字，并对文字属性进行设置。

（2）图形间的随意转换

选中图形，点击【绘图工具】→【格式】→【编辑形状】→【更改形状】（如图4.51所示），可以将现有图形更改为【形状】中的其他任意图形。

（3）灵活绘制任意图形

有时候我们需要绘制一些简单的图形去表达设计思想，基本形状里面的图形并不能完全达成我们的期望，此时我们可以运用多种方法绘制出任何我们想显示的图形，如：运用基本形状中的图形重叠、组合成新的图形；运用【形状】→【线条】里的"曲线"、"任意多边形"、"自由曲线"自由绘制，一般"任意多边形"运用较多；在已有图形上编辑顶点让图形形状随心所欲，具体方法为：选中图形，点击【绘图工具】→【格式】→【编辑形状】→【编辑顶点】，此时图形周围出现黑色的顶点（如图4.52所示），选择某个顶点，点击右键可以选择添加、删除和移动顶点等命令，绘制出不同的效果。

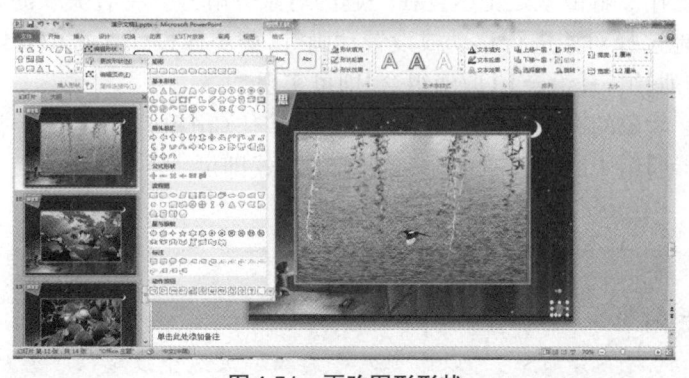

图4.51　更改图形形状

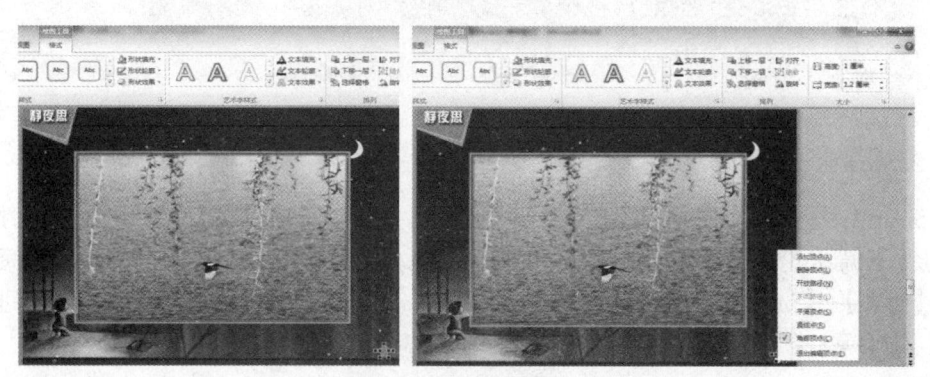

图4.52　编辑图形顶点

(4)图形的优化

在上述操作中,我们对绘制的图形进行了颜色填充,还通过【形状边框】、【形状填充】、【形状效果】等对其进行优化。第一节中讲解了文本框的优化方法,图形的优化方法可以相应参照文本框优化的内容。

> **技巧点拨:**
> 在绘制直线时,按住Shift键,在作图窗口随意拉伸可以画出水平线、垂直线和15°倍数直线。
> 在拉伸图形的同时按住Shift键,可保持同比例拉伸,达到与选中"锁定纵横比"复选框的同等效果。

(5)图形的组合排布

一般而言,一页幻灯片上会有多个图形,只有将这些图形分类组合、按层次布局才能构成一幅漂亮的画面,也便于以后的修改。在PowerPoint 2010中,对图形等对象的组合排布常用的操作有三类:

改变叠放层级。这里借助了"层"的概念。每张幻灯片中的每个图形都占据了独立的一层,我们可以把某一层上移或者下移,也可以使其居于顶层或底层。幻灯片中的所有图形、图像、文字、音视频、动画等对象都具有"层"的属性。我们选中某一个对象,点击【格式】→【排列】组→【上移一层】、【下移一层】等命令即可实现。

组合与解散。组合是指把有关联的对象(图片、图形、文本等)捆绑在一起,类似于对一个对象进行操作。解散就是把组合在一起的对象分解开。将有关联的对象组合起来,能更容易批量地选择对象进行移动或设置动画等,避免误操作。选中要组合的对象,点击【格式】→【排列】组→【组合】/【取消组合】即可实现。

快速对齐。对象的有序排布是美观的基础。按住Ctrl键,依次点击要排布的对象,点击【格式】→【排列】组中的【对齐】,选择要对齐的方式即可。

> **技巧点拨:**
> 图形的对齐分布中,可以运用网格线和参考线予以辅助。在幻灯片任意位置单击右键,选择"网格和参考线",再对"对齐选项"进行设置。

2. SmartArt图形的运用

SmartArt图形的实质是表达逻辑关系的图表,主要用于描述我们的思想和逻辑,把纷繁复杂、长篇大论的文字梳理清楚,让观众一目了然。绘制SmartArt图形的方法很简单:点击【插入】→【SmartArt】,即可插入SmartArt图形。PowerPoint 2010共提供了包括列表、流程、循环等8类180种形式多样的图表,如图4.53所示。

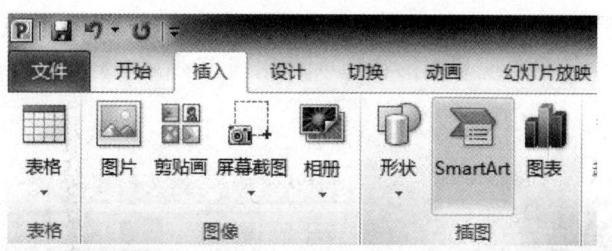

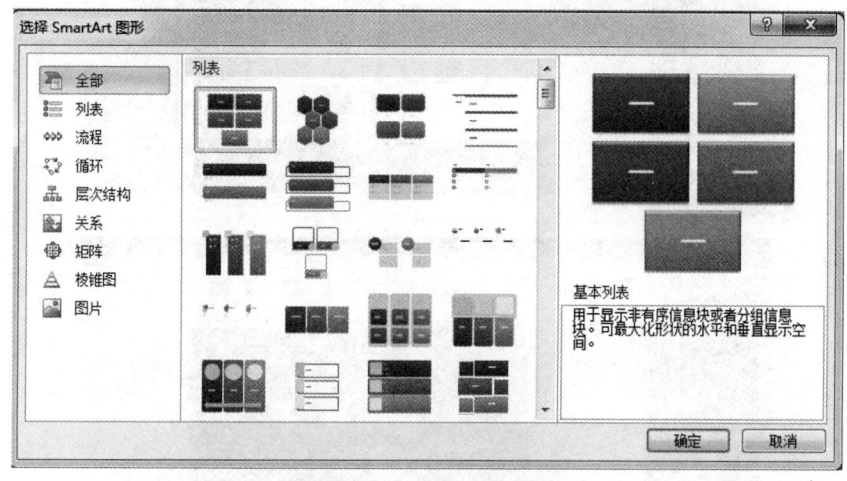

图4.53　插入SmartArt图形

绘制SmartArt图形后，我们可以通过【SmartArt工具】下的【设计】和【格式】选项（如图4.54、图4.55所示）对其形状、颜色、大小等进行编辑修改，方法与基本图形的操作类似。这里我们学习经常使用到的几个功能。

图4.54　SmartArt图形设计选项卡

图4.55　SmartArt图形格式选项卡

（1）智能添加、删除和更改图形对象形状

图形应用是为内容服务的，有时我们需要说明两个对象，有时需要三个对象甚至更多，如果每个对象都重复制作会增加工作量，降低工作效率。SmartArt图形提供了一种自动化添加和删除图表对象的方法，只需要点击鼠标，就会自动增加图表元素数量，而该图形中其他对象的大小和位置会自动调整，操作方法如下：

①点击【插入】→【SmartArt】，选择一种SmartArt图形，这里我们选列表中的"垂直曲形列表"，插入图形后，我们发现默认只有3个对象，如图4.56所示；

②选中该图形，点击【Smart工具】→【设计】→【添加形状】→【在后面添加形状】或【在前面添加形状】，如图4.57所示，上面3个对象自动按比例缩小并向上移动；

③如果需要减少图形中的对象，则按住Ctrl键不放，用鼠标选中所需删除的对象，按下Delete键即可，其余的对象也会自动调整大小和位置，效果如图4.58所示。

④如果我们想改变SmartArt图形中对象的形状,可以选择要改变形状的对象,单击【右键】→【更改形状】,会出现基本形状选项,如图4.59所示,选择我们需要的形状即可。

图4.56 插入SmartArt图形

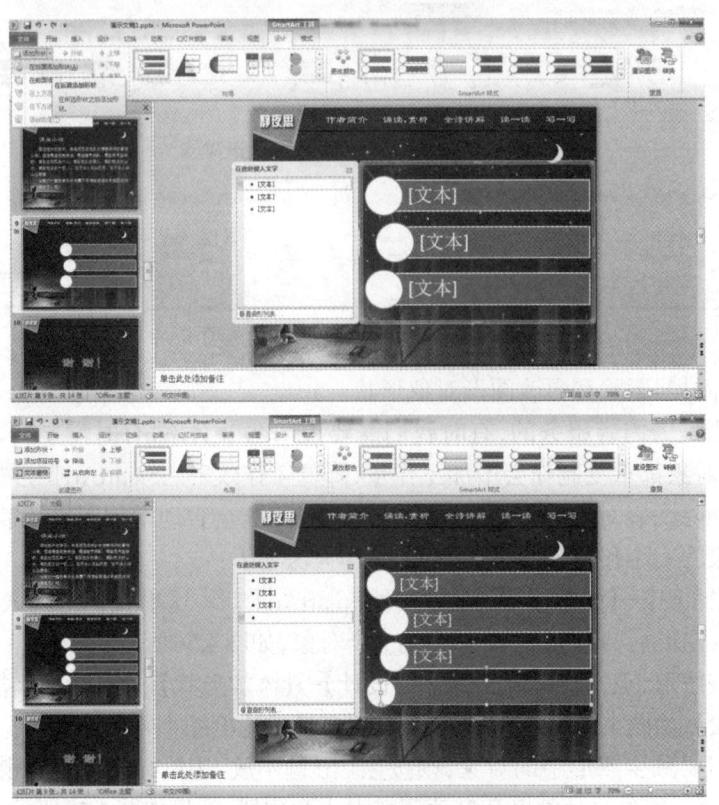

图4.57 在SmartArt中添加形状

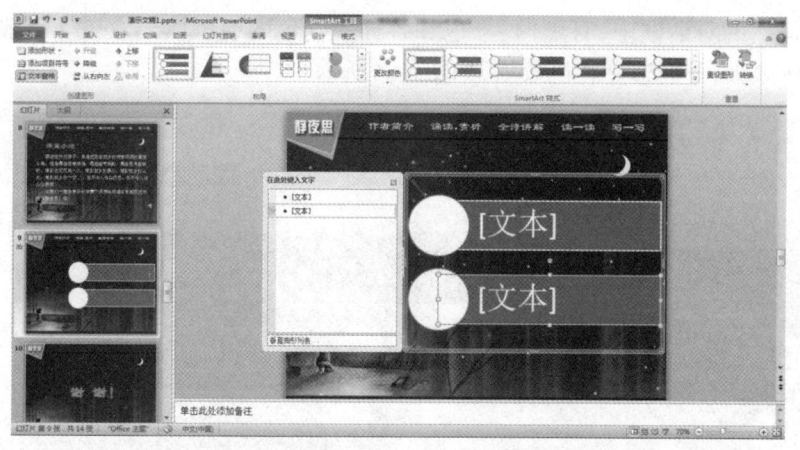

图4.58　在SmartArt中删除图形形状

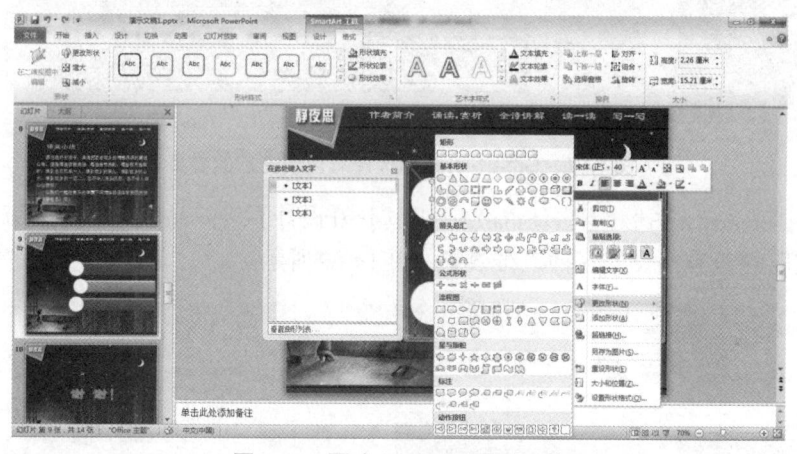

图4.59　更改SmartArt图形形状

（2）为SmartArt图形配色和设置填充效果

一般图形我们只能一个个填充配色，但对于SmartArt图形，我们可以选中后直接添加颜色组，图形内各个图形会自动填充相应颜色。同时，SmartArt样式中预设了多种填充效果，我们可以根据需要自由选择，具体操作如下：

①选中我们插入的SmartArt图形，点击【SmartArt工具】→【设计】→【更改颜色】，如图4.60所示；

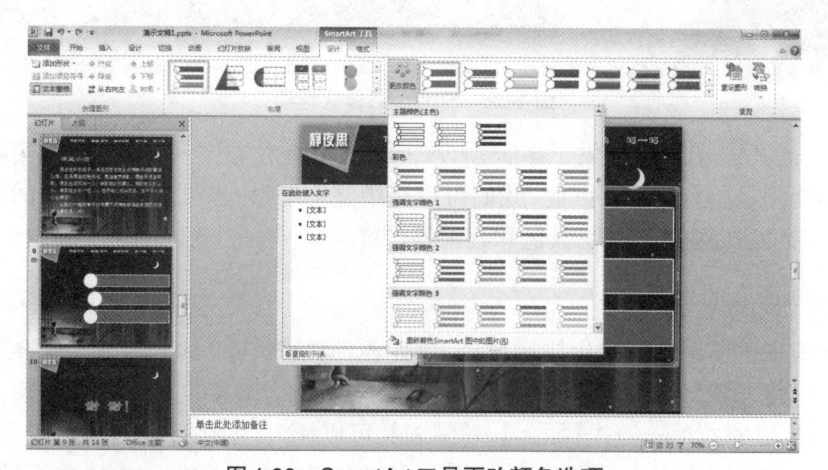

图4.60　SmartArt工具更改颜色选项

②在弹出的对话框中,有黑白、彩色和各种主题色的纯色填充效果。一般为了让各个对象有所区分,我们选择彩色效果,如图4.61所示;

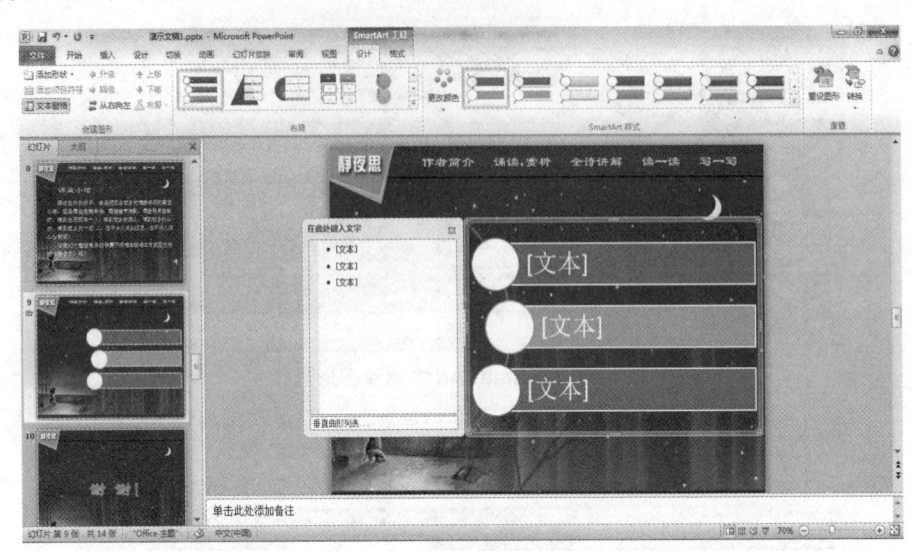

图4.61　SmartArt图形选择彩色填充后的效果

③选中SmartArt图形,点击【SmartArt工具】→【设计】→【SmartArt样式】选项卡的下拉三角形按钮,这里有预设的多种三维效果,如图4.62所示。

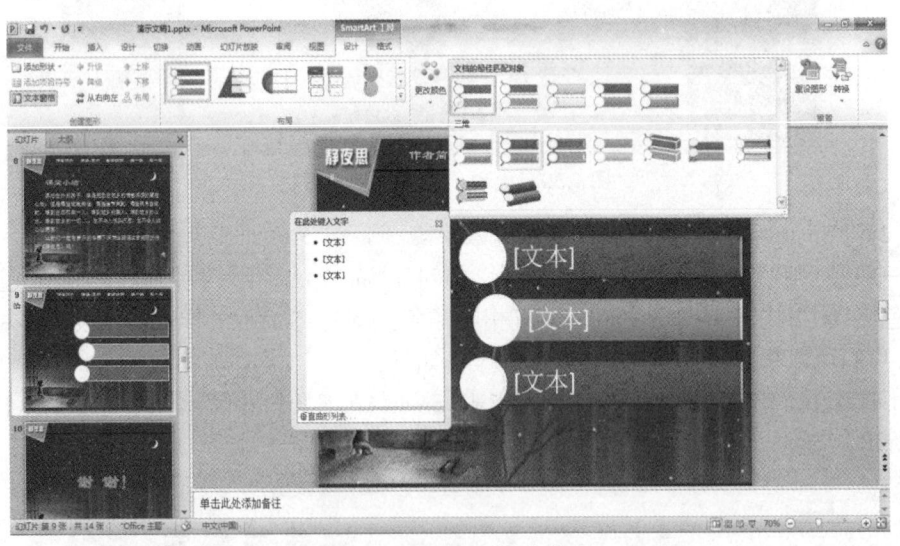

图4.62　SmartArt样式选项

尽管SmartArt图形中提供了多种预设图形、多套配色方案和样式,但在实际使用过程中仍不能满足所有需要。因此,我们可以选中整个图形,也可以选择其中的某一个或几个对象,对其单独进行形状、颜色和效果等设置。

3. 数据图表的运用

数据图表主要用来形象化描述数据,梳理各种数理关系,其本质就是把高度抽象的数字以可视化、清晰化和直观化的图形展示,让观众不看数字也能知道我们想要表达的含义。其插入方法如下:点击【插入】→【图表】,可以插入柱形图、饼图等11类图表(如图4.63所示),插入后会出现一个Excel文档与插入图表的PowerPoint文档并行排列(如图4.64所示)。

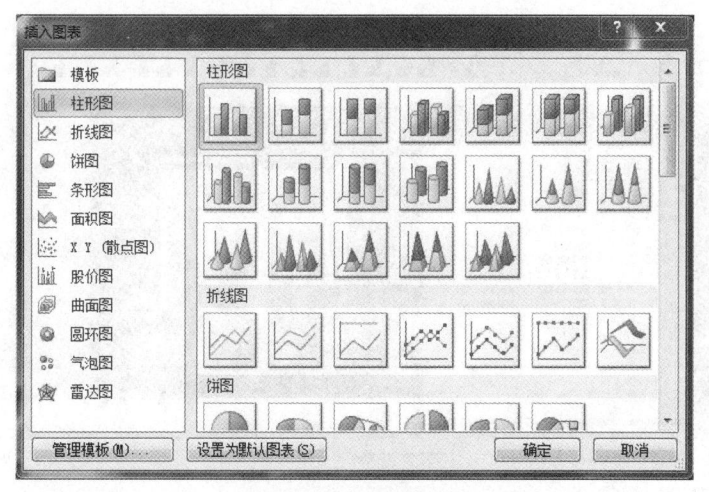

图 4.63 插入图表选项

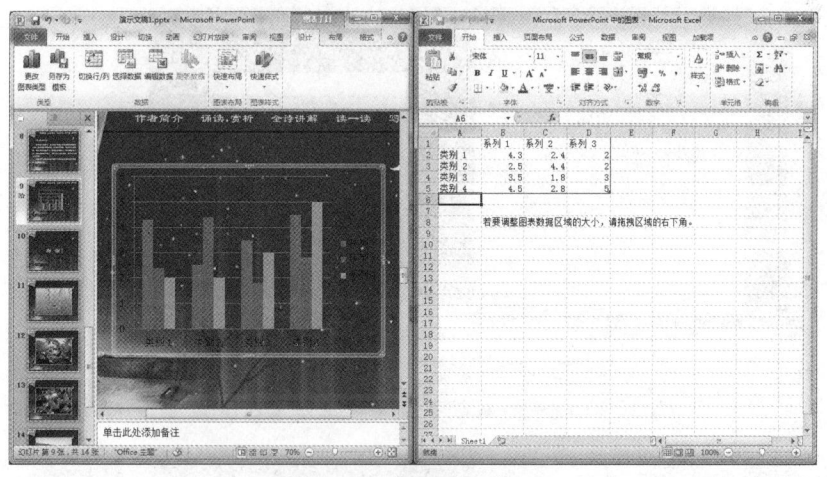

图 4.64 插入图表效果

插入数据图表后，我们同样可以运用【图表工具】下的【设计】、【布局】和【格式】选项（如图 4.65 所示）进行编辑和优化，对其进行颜色填充、样式选择等操作与前述基本图形的方法一样。值得注意的是，当我们点击【设计】→【编辑数据】时会出现对应的 Excel 文档，在 Excel 文档中对数据做出修改后，PowerPoint 中的图表会随之变化。在 PowerPoint 的图表中双击不同区域，会出现对绘图区、数据系列、数据点、坐标轴、主要网格线、图例等格式的设置对话框（如图 4.66 所示），根据需要自行设置。

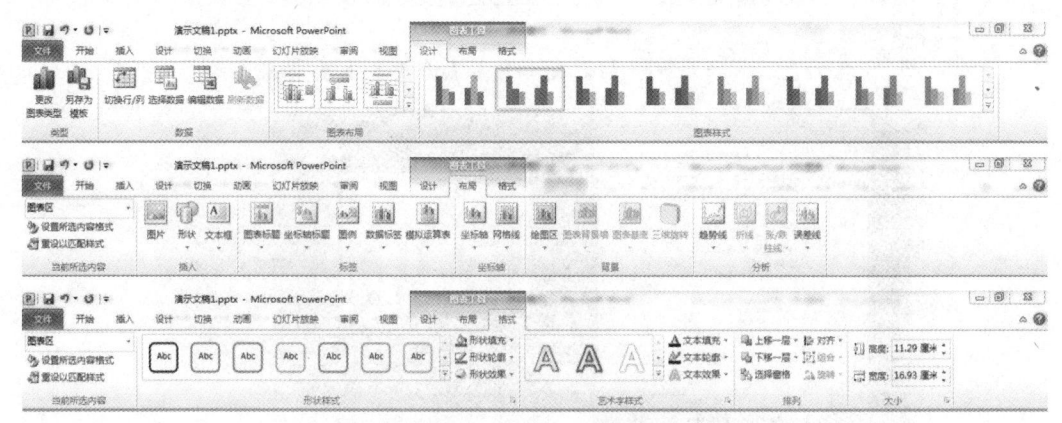

图 4.65 图表工具设计、布局、格式选项卡

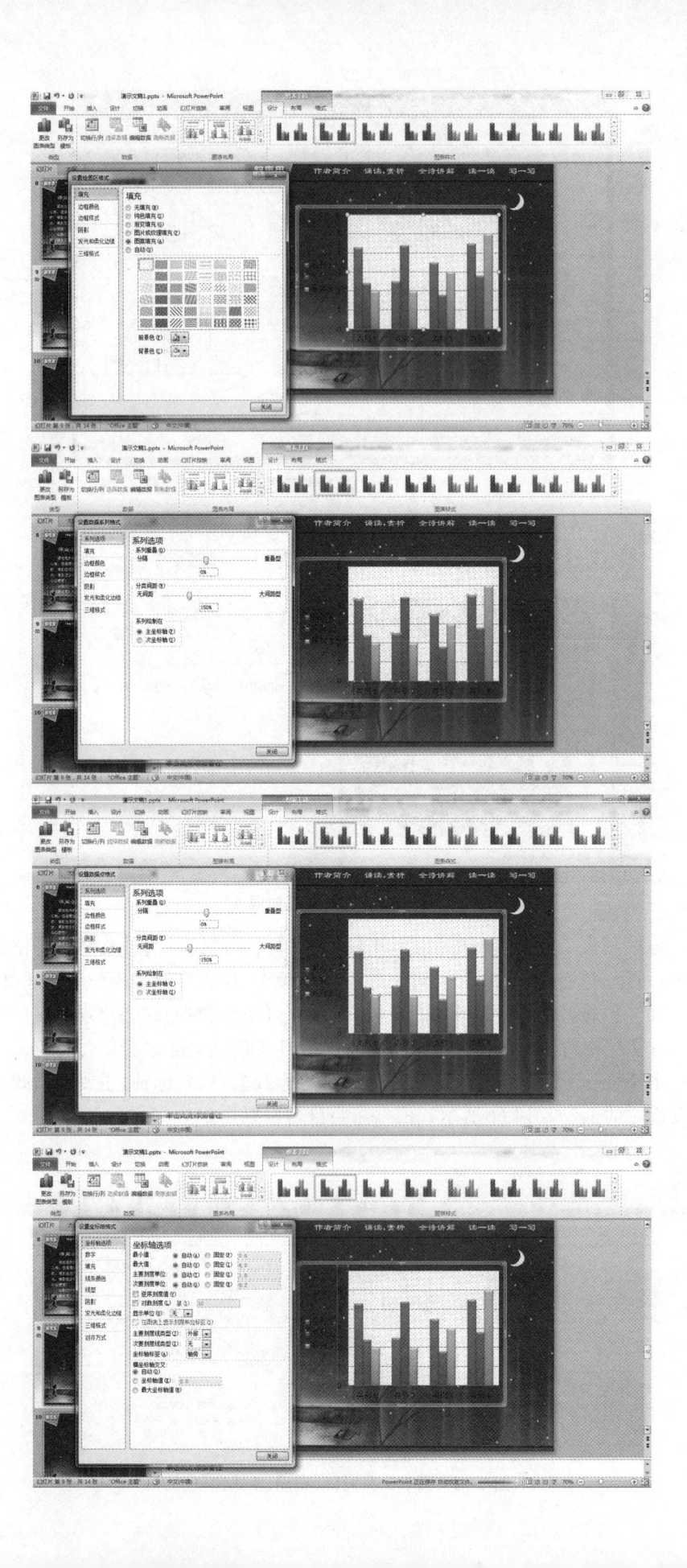

PowerPoint 多媒体课件制作教程

096

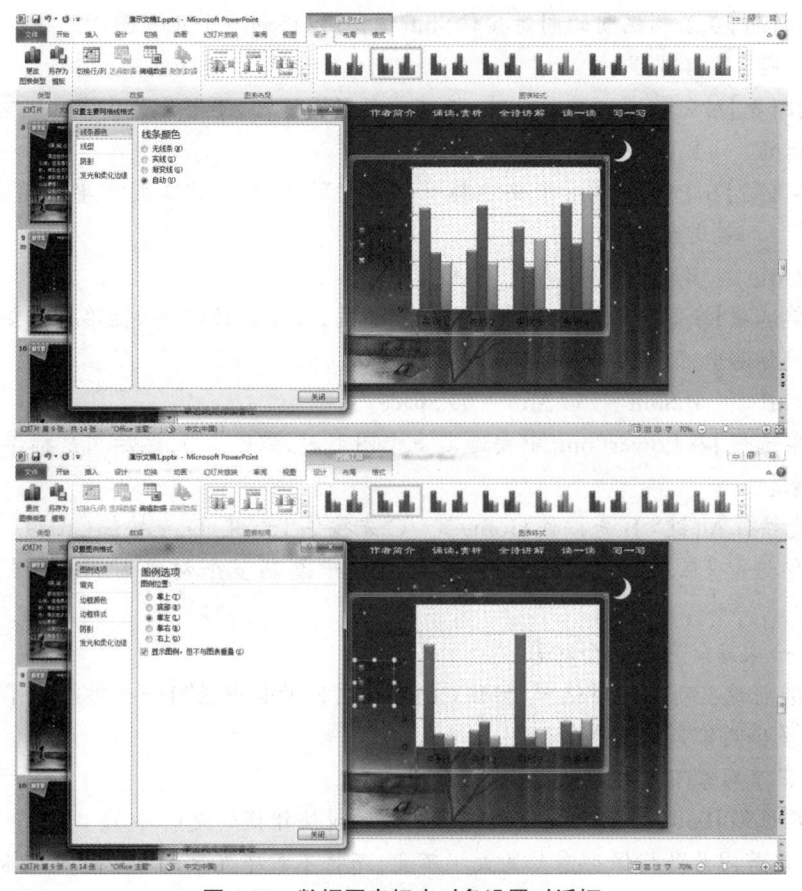

图4.66　数据图表相应对象设置对话框

巩固练习

1.【判断题】PowerPoint中可以通过"复制-粘贴"的方式插入存放在计算机中的图片。

　　A.正确　　B.错误

2.【判断题】PowerPoint中，裁剪图片是指保存图片的大小不变，而将不希望显示的部分隐藏起来。

　　A.正确　　B.错误

3.【判断题】PowerPoint中，运用裁剪命令对图片进行裁剪后，当需要重新显示被隐藏的部分时，还可以通过"裁剪"工具进行恢复。

　　A.正确　　B.错误

4.【判断题】PowerPoint中，图片效果用得越复杂越好。

　　A.正确　　B.错误

5.【判断题】PowerPoint中插入数据图表，修改其对应的Excel文档中的数据后，PowerPoint中的图表不会发生变化。

　　A.正确　　B.错误

6.【判断题】插入一个SmartArt图形后，不可以自由添加或删除形状。

　　A.正确　　B.错误

7.【判断题】在绘制椭圆的同时按住Shift键,可以得到一个正圆图形。
　　A.正确　　B.错误
8.【判断题】对矢量图形进行缩放、旋转或变形操作时,图形会产生失真现象。
　　A.正确　　B.错误
9.【单选题】在PowerPoint中要绘制一个正方形,可在形状工具中单击椭圆按钮后,同时按住(　　)键进行绘制。
　　A.Ctrl　　B.Shift　　C.Alt　　D.Tab
10.【单选题】在同一张幻灯片中插入多张图片,可以按住(　　)键单击需要插入的图片将它们同时选中,然后单击"插入"。
　　A.Ctrl　　B.Shift　　C.Alt　　D.Space
11.【单选题】在PowerPoint中要选定多个图形时,需(　　),然后用鼠标单击要选定的图形对象。
　　A.先按住Alt键　　B.先按住Home键　　C.先按住Tab键　　D.先按住Ctrl键
12.【单选题】在PowerPoint中,当在幻灯片中复制多个对象时,以下说法正确的是(　　)。
　　A.一次只能复制一个对象
　　B.先将这些对象同时选中,按住Ctrl键同时拖动其中任何一个对象即可
　　C.多个对象只能逐个复制
　　D.多个对象不能同时被选中
13.【单选题】PowerPoint中,下列裁剪图片的说法错误的是(　　)。
　　A.裁剪图片是指保存图片的大小不变,而将不希望显示的部分隐藏起来
　　B.当需要重新显示被裁剪的部分时,还可以通过"裁剪"工具进行恢复
　　C.按住鼠标右键向图片内部拖动时,可以隐藏图片的部分区域
　　D.如果要裁剪图片,单击选定图片,再单击"图片"工具栏中的"裁剪"按钮
14.【单选题】在PowerPoint中,同时选中一张幻灯片上的多个对象后,若用鼠标旋转一个对象的角度,则(　　)。
　　A.系统提示非法操作　　　　B.只有该对象处于选中状态
　　C.改变所有对象的角度　　　D.只改变一个对象的角度
15.【单选题】在PowerPoint中插入统计图表后,如果将其对应Excel数据表的数据进行修改,图表会_____。
　　A.随之修改　　B.不会改变　　C.两者都有可能　　D.图表被删除
16.【多选题】PowerPoint中可以插入下列(　　)元素。
　　A.图片　　B.剪贴画　　C.形状　　D.SmartArt图形　　E.图表
17.【多选题】将剪贴画任务窗格中的剪贴画插入PowerPoint的方法正确的有(　　)。
　　A.将鼠标放置在剪贴画上,单击右侧下拉三角形按钮,选择"插入"命令
　　B.右击剪贴画,在弹出的快捷菜单中选择"插入"命令
　　C.双击剪贴画
　　D.按住鼠标不放,将选择的剪贴画拖动到编辑工作区中
18.【填空题】运用线条工具进行绘制时,按住_____键可以绘制出直线。
19.【填空题】在调整图片尺寸大小时,要使其高度与宽度呈现比例变化,要选中_____复选框。

20.【填空题】运用对插入的图像或绘制的图形周边的控制柄对其进行大小拖动时，按住_____键可以使其长宽按原比例变化。

21.【填空题】对图片设置好效果后，可以用_____命令快速更换为另一张图片而保持预设效果不变。

22.【填空题】对图片设置好效果后，可以用_____命令快速去掉效果而保留对图片大小的修改。

23.【解答题】简述矢量图与位图的含义和特性。

第三节　多媒体课件中音视频与动画的设计与制作

操作示范

随着多媒体技术的发展,文字和图片已经无法满足多媒体课件的需求,灵活运用声音、视频、动画等多媒体元素可以使课件更加生动。

一、音频的插入与运用

多媒体课件中的声音可以直接提供呈现内容,如配合课件画面提供声音解说;可以提供示范信息,如用于语言或音乐教学中提供标准的声音示范;也可以提供提示信息以引起观众注意;还可以烘托主题,营造气氛,创设情境,渲染情绪。PowerPoint中,常用的音频格式有.mp3、.wav、.wma、.aiff、.au、.mid 或 .midi 等。我们可以通过计算机上的文件、网络或"剪贴画"任务窗格添加音频,也可以自己录制音频,将其添加到课件中。

1. 插入外部音频

外部音频主要有通过搜集存放在计算机文件夹中的音频和通过剪贴画窗格搜索系统自带以及在线的剪贴画音频两种,二者插入的方法类似,我们以《静夜思》第一页为例介绍插入外部音频的方法,并实现相应的播放效果,具体操作步骤如下:

①选中要插入声音的幻灯片,点击【插入】→【音频】→【文件中的音频…】,弹出选择对话框,找到包含所有文件所在的文件夹"静夜思/素材"(如图4.67所示)。

②选择音乐文件"背景音乐.mp3",单击【插入】按钮,此时在当前的幻灯片中会出现声音图标 和播放控制面板(如图4.68所示)。

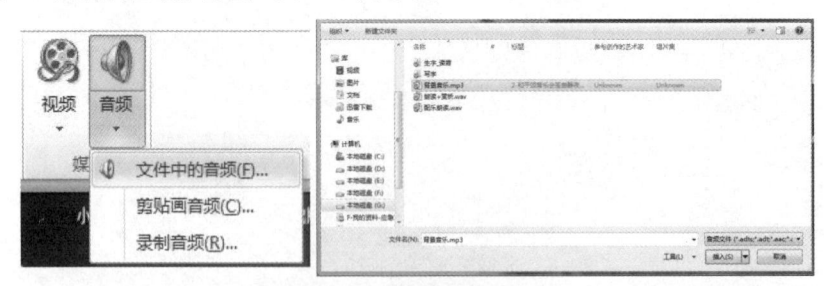

图4.67　插入音频对话框

图4.68　插入音频效果图

③设置声音播放效果。单击声音图标,在工具栏中点击【音频工具】→【播放】(如图4.69所示),在【音频选项】组中,点击【开始】右边的下拉三角形按钮,选择【自动】,这样就可以实现放映当前幻灯片页时播放插入的背景音乐,结束该页放映时音乐结束;运用前述快速更改图片的方法将声音图标修改为"小喇叭.png";选中【放映时隐藏】复选框或直接用鼠标拖动声音图标让其处于播放页面的外部,这样在幻灯片播放时声音图标就不会出现了。

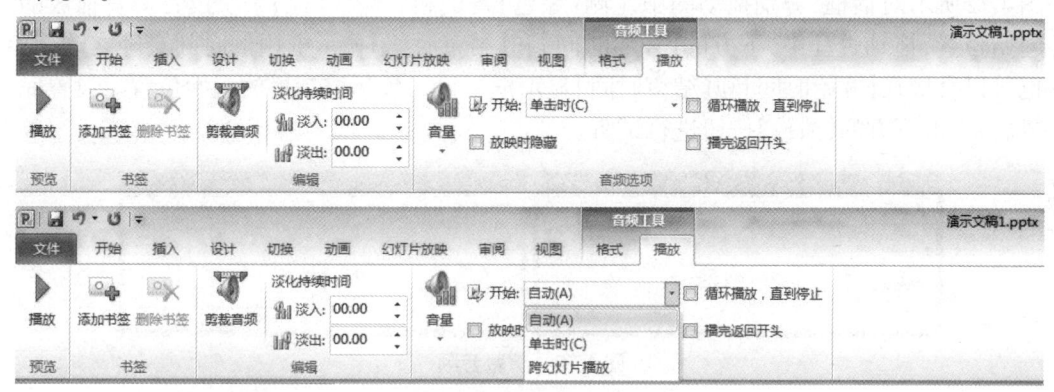

图 4.69 音频工具选项

2. 插入 PowerPoint 中录制的音频

有时我们需要将自己录制的音频插入幻灯片中,又不想借助其他专业音频处理软件,这时可用【插入】下的【录制音频】命令实现,具体操作方法如下:

单击工具栏中的【插入】选项卡,在【媒体】组中点击【音频】→【录制音频】,弹出录音对话框(如图4.70左图所示)。在【名称】处输入一个自定义声音名称,点击【开始】(红色圆形)按钮开始录音;点击【暂停】(中间的蓝色长方形)按钮(如图4.70右图所示)录音结束;点击"确定",幻灯片中会出现声音图标和播放控制面板,录制的声音就插入到幻灯片中了。

图 4.70 录制音频

3. 声音图标的美化

幻灯片中插入声音后,会出现相应的声音图标,这个图标就是一张图片,点击【音频工具】→【格式】选项卡,会出现与插入图片后一样的工具栏(如图4.71所示),对图片的所有处理都适用于声音图标。例如《静夜思》第五页,将声音图标更改为"小喇叭.png"并将所有声音图标进行有序排列,方法均可参照第二节快速更改图片和图形组合排布的相关操作方法。

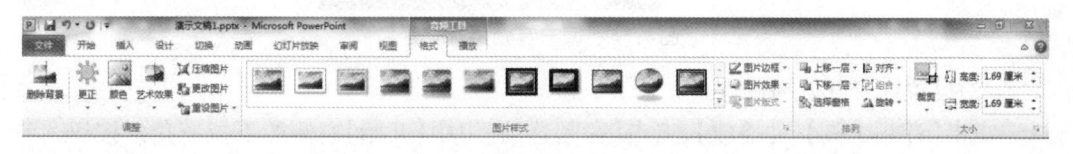

图 4.71 音频工具格式选项卡

4. 声音的编辑

PowerPoint中提供了声音的剪裁和淡入淡出效果两种简单编辑方式,方便了多媒体课件的快捷制作,减少了对专业音频软件的依赖。

剪裁音频用于选取声音文件的其中一段用于幻灯片。具体操作方法为:选中插入的声音图标,点击【音频工具】选项卡→【播放】,在【编辑】组中点击【剪裁音频】出现如图4.72所示对话框,分别拖动图中左侧【绿色】条块和右侧【红色】条块设置声音播放的起始位置,拖动过程中,下方的【开始时间】和【结束时间】显示框内的时间会随之改变;也可以直接在【开始时间】和【结束时间】显示框中输入数字控制播放起始位置。设置完成后,点击下方的【播放】按钮进行试听。

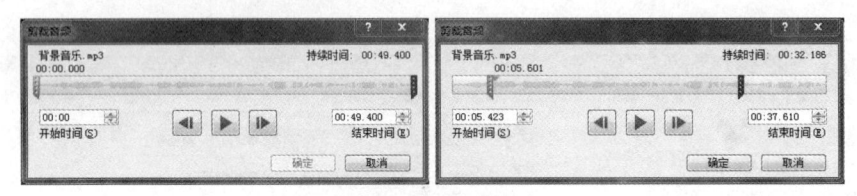

图4.72 剪裁音频

设置淡入淡出效果。在【音频工具】选项卡中点击【播放】,在【淡化持续时间】的淡入、淡出中分别输入时间(如图4.73所示),表示在声音开始和结束的几秒内使用淡入淡出效果。

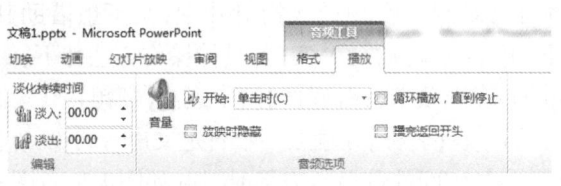

图4.73 设置音频淡入淡出效果

5. 声音的播放控制

PowerPoint中对声音播放的控制主要通过【音频工具】选项卡中的【音频选项】和【动画】选项卡中的【动画窗格】来实现,经常用到的控制方式有以下几种:

(1)调节声音播放音量

PowerPoint中提供了一种比较快捷的调整音量的方法。选中声音图标,点击【音频工具】→【播放】,在【音频选项】组中点击【音量】,出现高、中、低、静音四个音量选项(如图4.74所示),默认是"中"。

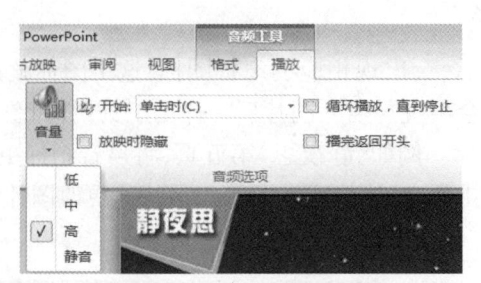

图4.74 调节音频播放音量

(2)设置声音开始播放方式

点击【音频工具】→【播放】,点击【音频选项】组中【开始】右侧的下拉三角形按钮,会出现自动、单击时和跨幻灯片三个选项(如图4.75所示),分别表示的含义为:

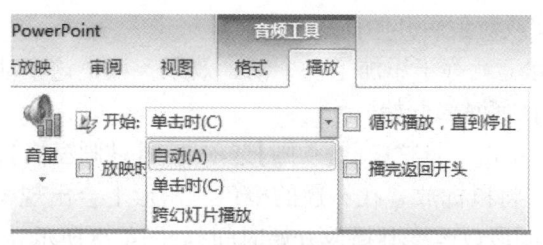

图4.75 音频开始播放方式选项

【自动】：表示在放映当前幻灯片时自动开始播放，结束当前幻灯片停止播放。

【单击时】：表示单击幻灯片上的声音图标时开始播放，结束当前幻灯片停止播放。如《静夜思》第三页、第八页幻灯片中需要实现放映当前幻灯片时点击声音文件图标开始播放，选择此项即可。这实际上是运用了触发器的原理进行控制，触发器具体内容请参见模块五。

【跨幻灯片播放】：表示在切换到下一张幻灯片时继续播放声音直到演示文稿结束。

同时，选中音频选项组中的【循环播放，直到停止】表示声音将连续播放，直到转到下一张幻灯片为止；选中【播完返回开头】复选框，表示声音文件播放结束后会自动返回到开始的时间。

(3)实现背景音乐重复播放

有时我们需要在整个演示过程开始时自动播放背景音乐并持续到整个演示文稿结束，但一般情况下，整个演示文稿演示时间较长，而背景音乐一般都在5分钟以内，这个时候需要设置背景音乐播放结束后自动从头播放。依靠前面【音频选项卡】中的开始方式选择和【循环播放，直到停止】等的组合设置并不能满足这一要求，这时我们可借助动画窗格进行实现。具体操作如下：

①选中要重复播放的声音图标，单击工具栏中的【动画】选项卡→【动画窗格】，即可发现该窗格中多了一个播放声音的动画，如图4.76所示。

②在动画窗格中选中声音动画，单击右键，选择【效果选项】，弹出对话框如图4.77所示，在【开始播放】标签选择【从头开始】，【停止播放】标签选择【在999张幻灯片后】即可实现声音重复播放直到演示文稿结束。这里的【在…张幻灯片后】的幻灯片张数是可以自定义的，以便灵活设定在某一张幻灯片后结束声音播放。

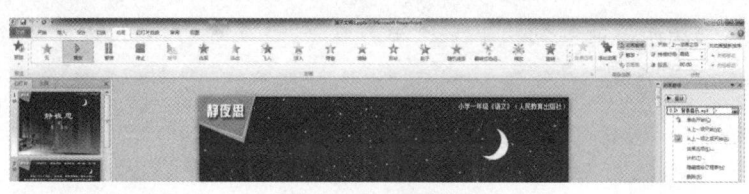

图4.76 动画窗格

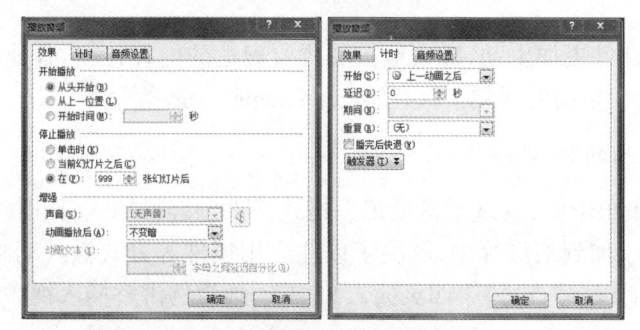

图4.77 设置播放音频对话框

(2)设置特定时间或对象后开始播放声音

添加了声音,实际上就等于添加了一个动画效果。调整这个动画的运行时间,就可以让声音根据需要从任何时候开始。

①选中声音图标,单击工具栏中的【动画】选项卡→【动画窗格】;

②选中声音动画,将鼠标放置在右边的橙色三角形上会出现↔图标,此时拖动橙色三角形到任何的时间段以改变其播放开始时间,如图4.78所示。如果要精确设置开始时间,可在图4.77【播放音频】对话框中的【效果】标签的【开始播放】中设置【开始时间】,直接输入其开始时间即可,还可以通过【计时】标签设置其延迟播放的时间。

③如果一张幻灯片上有多个对象,我们希望设定声音在特定对象之后开始播放,可以通过调整动画窗格上各个对象的动画先后顺序来实现。此部分内容请参照模块五自定义动画部分的内容。

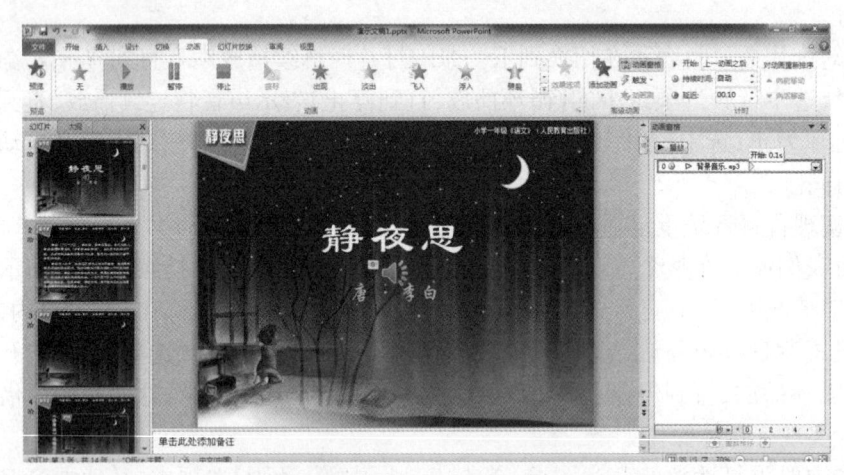

图4.78 动画窗格中拖动图标设置音频开始播放时间

技巧点拨:

在幻灯片中合理地添加声音,可以使多媒体课件的功能更强大、更具感染力。但播放声音文件也容易带来干扰,如果一个课件在使用时,各类声音不绝于耳,反而不能起到集中观众注意力、营造气氛的作用,因此选择和使用声音一定要谨慎。

二、视频与动画的插入与运用

视频可以使课件更加生动,极大地扩展所要表达的内容,是对其他表现形式的有力补充。PowerPoint中常用的视频格式有.asf、.avi、.mpg、.wmv等。

1. 视频与动画的插入

在PowerPoint 2010中,实现了常见视频格式文件的轻松插入,同时将Flash动画当作视频对象方便地添加到幻灯片中,解决了以往运用控件等方式插入动画和.flv视频的诸多不便。这里我们以《静夜思》第四页插入Flash动画为例讲解插入视频的方法。具体步骤如下:

①选中要插入视频的幻灯片,点击【插入】→【视频】→【文件中的视频…】,弹出选择对话框,找到包含所需文件的文件夹"静夜思/素材",如图4.79所示。

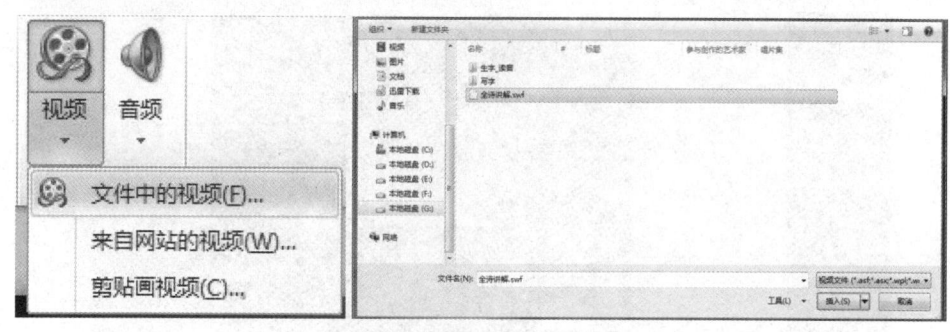

图4.79　插入视频/动画

②选择文件"全诗讲解.swf",单击【插入】按钮,此时在当前的幻灯片中会出现一个黑色的视频预览图(如图4.80所示),视频文件就插入到幻灯片中了。在视频预览图下方会出现播放控制面板,单击播放按钮即可观看视频。这个预览图的大小就是视频文件播放窗口的大小。拖动视频窗口可以移动视频窗口的位置,拖动视频窗口的控制柄可以调整视频播放窗口的大小。

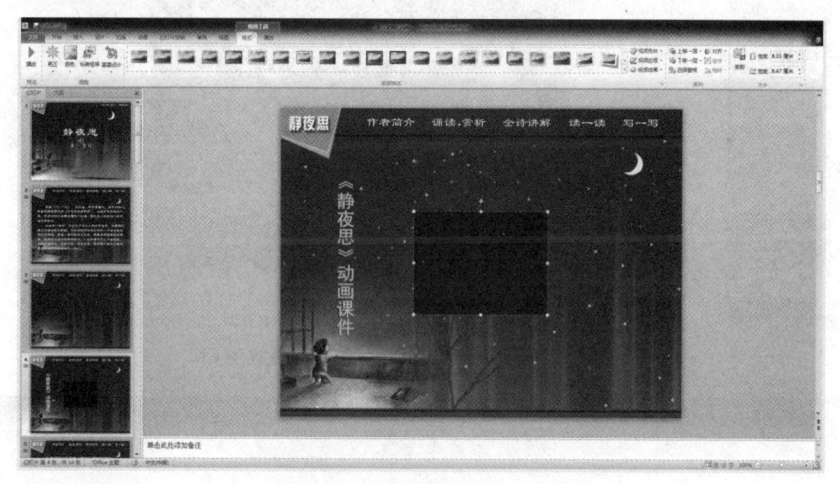

图4.80　插入动画后的幻灯片

③设置动画播放属性。点击【动画】→【动画窗格】→【效果选项…】命令,在弹出的对话窗口中设置相关属性如下:

【效果】标签:【开始播放】选择"从头开始";【停止播放】选择"当前幻灯片之后";

【计时】标签:【开始】选择"上一动画之后";其他参数默认。

④修改动画播放窗口属性。首先,参照模块四第二节中快速更换图片的方法,将动画播放窗口图片更换为文件夹中的"静夜思/素材/静夜思.png",效果如图4.81所示;然后参照模块四第二节中图片大小和位置的设置方法设置动画播放窗口的大小和位置(参考参数:将窗口大小设置为高度12厘米,宽度17厘米,位置设置为水平自左上角6.3厘米,垂直自左上角4.3厘米),设置后效果如图4.82所示;最后为动画播放窗口添加边框,点击【视频工具】→【格式】,在【视频样式】中选择"复杂框架,黑色"(如图4.83所示),点击【视频边框】将其颜色设置为蓝色,RGB值分别为R79,G129,B189,完成后效果如图4.84所示。

图4.81　更换动画播放窗口预览图效果

图4.82　设置大小和位置后的动画播放窗口

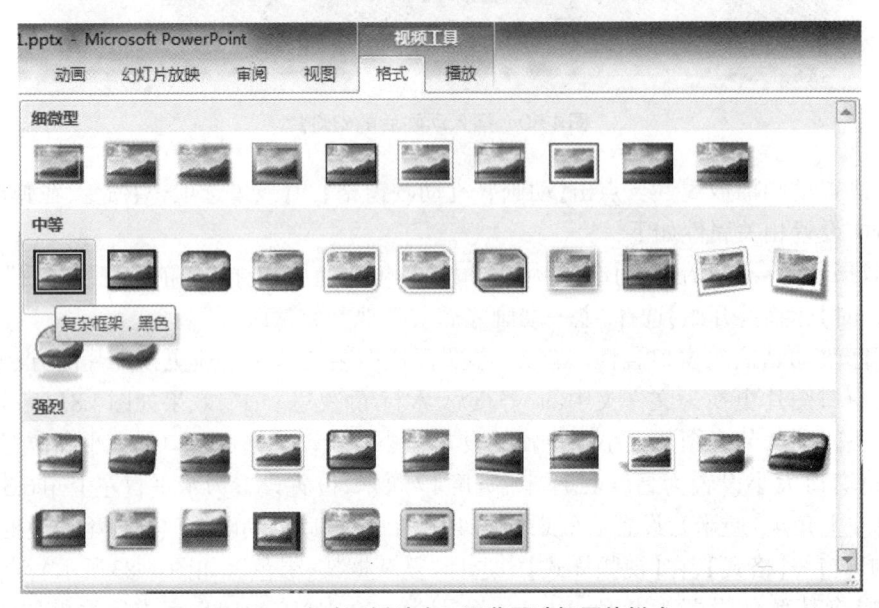

图4.83　为动画播放窗口预览图选择图片样式

图4.84　设置完成后的动画播放效果

2. 视频播放窗口的美化

当视频直接插入幻灯片后，可以像图片一样对视频预览图进行编辑和修饰。选中视频播放窗口画面，单击【格式】选项卡，会出现与插入图片后几乎相同的工具栏和命令（如图4.85所示），可通过这些命令对视频播放窗口的大小、形状、边框、效果、样式进行设置。也可以选中视频播放窗口，单击右键→【设置视频格式】，在弹出的对话框中设置相应参数。值得注意的是，我们设置的只是视频播放窗口的预览图效果，视频本身播放时并不能随着图片形状的改变而改变，故要慎重选择使用，以免适得其反。

图4.85　视频格式窗口

3. 视频的编辑

PowerPoint中提供了剪裁视频和淡入淡出效果的简单编辑，方便了对多媒体课件的快捷制作，减少了对专业视频软件的依赖。其操作方法与音频的编辑操作方法一样。但值得注意的是，这里只能对视频格式文件进行编辑（如常见的avi、wmv、mpg、flv等），我们前面插入的Flash动画，虽然能用直接插入视频的方法直接添加到幻灯片中，但因并不是真正的视频文件而不能进行剪裁和设置淡入淡出效果，因此在【视频工具】→【播放】→【编辑】组中这两个编辑功能是不可用的灰色状态。二者的【视频工具】的【播放】选项对比如图4.86所示。

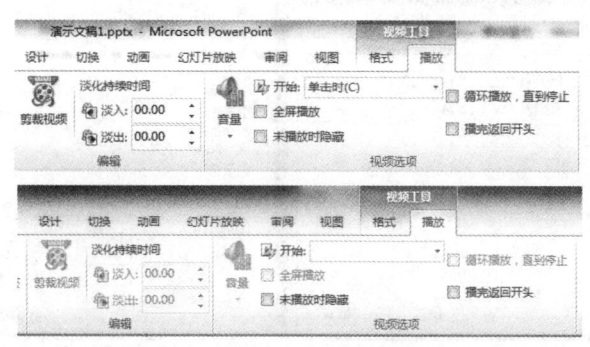

图4.86　两种视频工具播放选项卡对比

4. 视频的播放控制

视频的控制与音频的控制方法类似，主要运用【视频工具】→【播放】→【视频选项】组（如图4.86所示）和【动画窗格】进行控制，选择不同的方式将呈现不同的效果。选中【全屏播放】可实现幻灯片放映时全屏播放视频。

与音频控制中不一样的是，在【播放】选项卡的【开始】中，只有"自动"和"单击"两个选项；如果插入的是视频格式文件，【动画窗格】中的【效果选项】相比音频的【效果选项】而言，很多功能不可用（播放音频与播放视频对话框对比如图4.87所示），也不能实现从设置的特定时间开始播放视频。

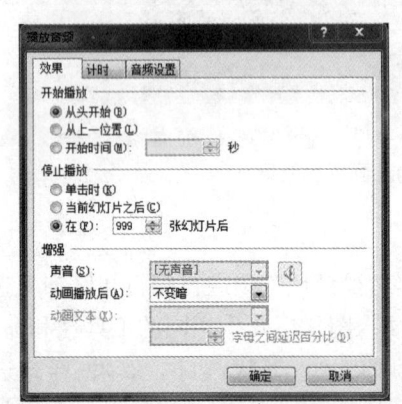

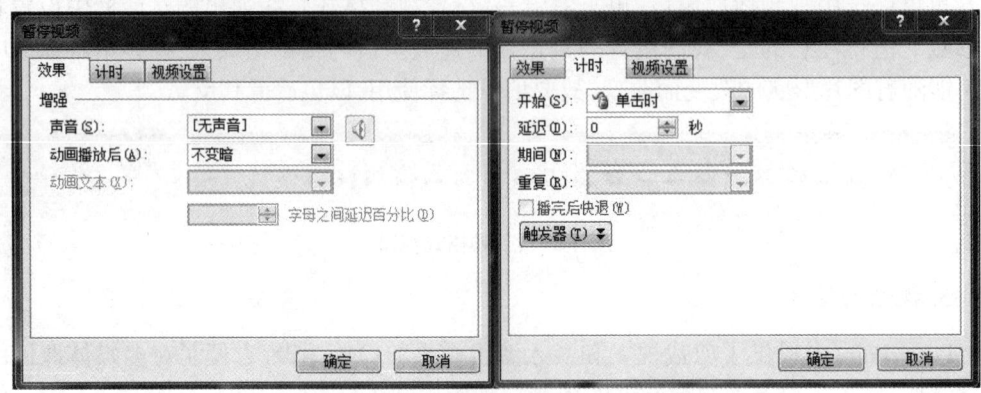

图4.87 播放音频与播放视频对话框

同时，插入动画虽与插入视频的方法一样，但因其不是真正的视频，故在视频播放选项卡中有些选项不可用（如图4.86下图所示），动画窗格中的【效果选项】也不一样（如图4.88所示），左图为插入动画后的【效果选项】，右图为插入视频后的【效果选项】。

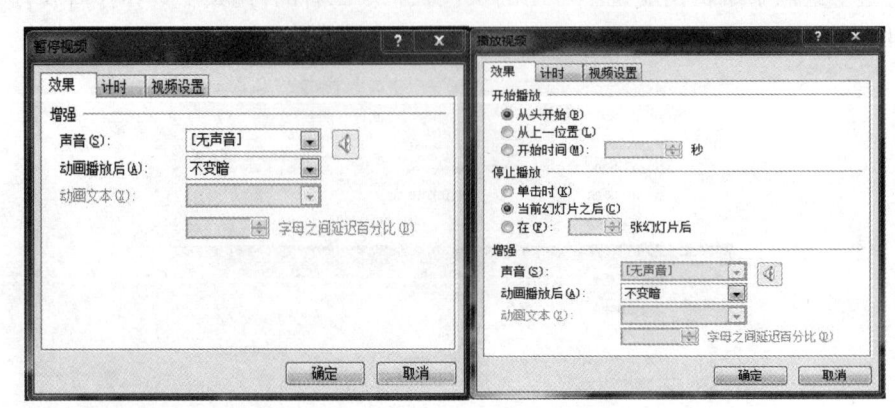

图4.88 两种效果选项效果标签对比

三、《静夜思》课件其他页面插入音、视频后的效果

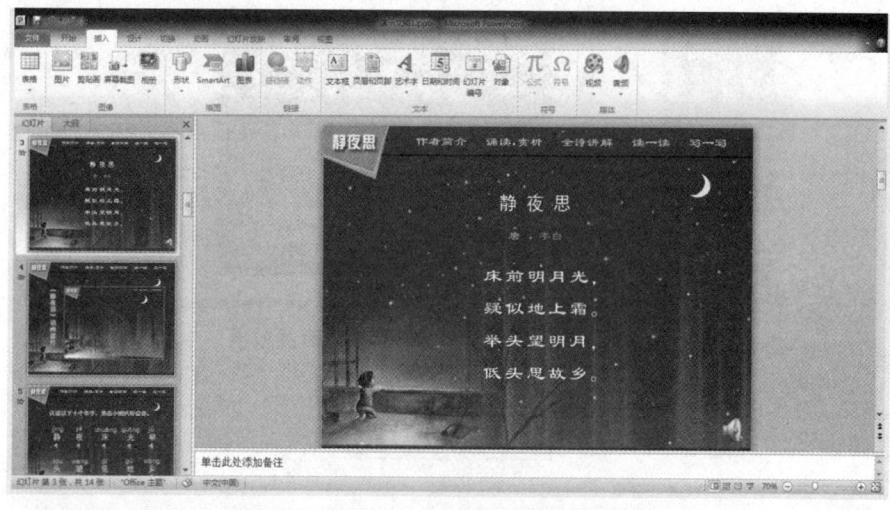

图4.89 《静夜思》课件第3页插入音频效果

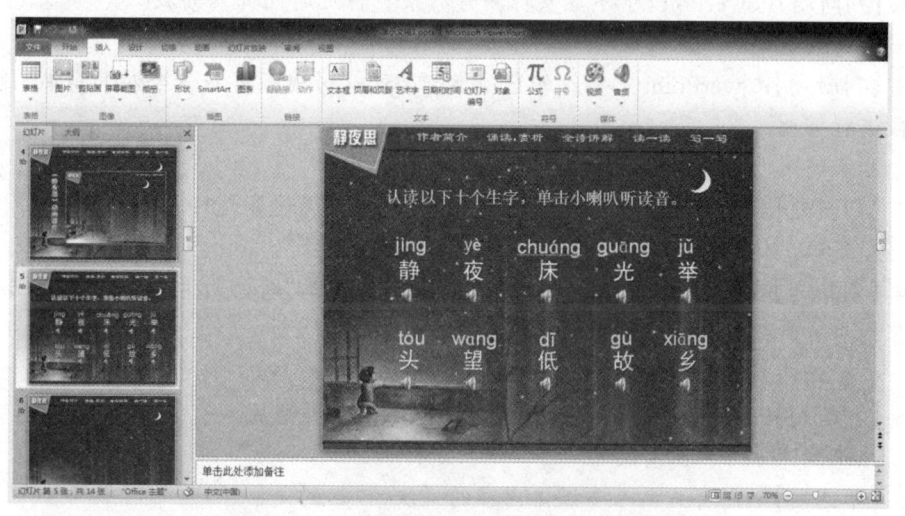

图4.90 《静夜思》课件第5页插入音频效果

图4.91 《静夜思》课件第6页插入动画效果

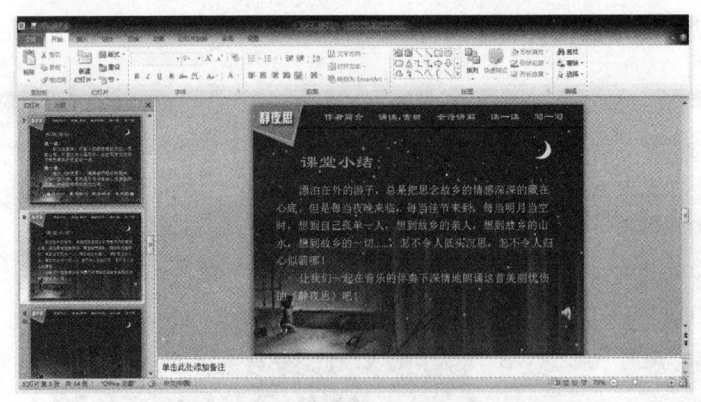

图4.92 《静夜思》课件第8页插入音频效果

巩固练习

1.【判断题】PowerPoint中不能实现声音从某一特定时间开始播放。
　　A.正确　　　　B.错误
2.【判断题】PowerPoint中插入的Flash动画,可以用视频剪裁命令对其剪裁,选择其中一段进行播放。
　　A.正确　　　　B.错误
3.【判断题】多媒体元素能增加课件的风采,因此用得越多越好。
　　A.正确　　　　B.错误
4.【判断题】在【音频工具】→【播放】的【开始】中选择"跨幻灯片播放"表示在切换到下一张幻灯片时播放声音直到演示文稿结束。
　　A.正确　　　　B.错误
5.【判断题】PowerPoint中,插入的视频不能实现全屏播放。
　　A.正确　　　　B.错误
6.【单选题】下列有关插入多媒体内容的说法,错误的是(　　)。
　　A.可以插入声音(如掌声)　　　　B.可以插入视频　　　　C.可以插入动画
　　D.插入多媒体内容后,放映时只能自动放映,不能手动放映
7.【单选题】要在放映当前幻灯片时自动播放插入的声音文件,应在【音频选项】组中的【开始】中选择(　　)命令。
　　A.自动　　　　B.单击时　　　　C.跨幻灯片播放
8.【单选题】要在放映当前幻灯片时点击声音图标才播放声音文件,应在【音频选项】组中的【开始】中选择(　　)命令。
　　A.自动　　　B.单击时　　　C.跨幻灯片播放
9.【多选题】下列(　　)方式可以实现声音图标在幻灯片放映时不可见。
　　A.选中【放映时隐藏】复选框　　　　B.直接拖动声音图标至幻灯片编辑区的外部
　　C.直接删除声音图标
10.【填空题】在课件播放时,如果需要声音不随着幻灯片的切换而停止,应该在"播放"选项卡"音频选项"组的_____下拉列表中选择_____。
11.【填空题】在_____选项卡中单击_____按钮的下拉三角形按钮,在打开的菜单中选择_____,在打开的对话框中选择需要插入的视频,即可插入视频。

模块五　多媒体课件的交互设计

【学习目标】

知识目标

能说出多媒体课件中实现交互的基本策略。

技能目标

能利用动画菜单功能设计与制作课件中各对象的自定义动画；

能利用动画窗格对各对象的自定义动画进行优化；

能利用插入菜单中的超链接、动作设置、动作按钮设计与制作课件中各页面的跳转。

情感、态度、价值观目标

感受多媒体课件内容制作过程体现的系统化设计思想与教育理论；

通过观摩、比较、反思等过程，感受多媒体课件交互设计与制作的整个流程；

分享多媒体课件交互设计与制作的技巧和实践经验。

【重难点】

利用PowerPoint软件完成课件交互的制作

根据实例，对多媒体课件的交互功能进行评价

第一节　多媒体课件中自定义动画的设计与制作

理 论 引 领

自定义动画简介

利用前几个模块所学的知识,我们现在完全可以制作一份内容精美的多媒体课件了,但是为了能更好地吸引学习者注意力,我们还要在动画上下功夫。好的动画能提高课件的生动性、形象性和趣味性,能促使学习者主动观看。

PowerPoint这款多媒体课件制作软件虽然简单易学,但它所提供的交互功能非常丰富。其中自定义动画效果可以让课件中的对象动起来,制作出交互丰富、富有动感的页面,使课件由"静态"变为"动态",增强播放效果。

PowerPoint中幻灯片的动画效果,主要包括在播放一张幻灯片时,该幻灯片中对象(文本、图片、形状、表格、SmartArt图形等)的动态显示效果、各对象显示的先后顺序以及对象出现时的声音效果等。

操 作 示 范

一、添加自定义动画

在PowerPoint 2010演示文稿中,我们可以为文本、图片、形状、表格、SmartArt图形等对象添加自定义动画,赋予它们进入、退出、大小或颜色变化甚至移动等特殊的视觉效果。在PowerPoint 2010中提供了四种不同类型的动画效果:

"进入"效果。这类效果可以使对象逐渐淡入焦点、从边缘飞入幻灯片或者跳入视图中。

"退出"效果。这类效果可以使对象飞出幻灯片、从视图中消失或者从幻灯片旋出。

"强调"效果。这类效果可以使对象缩小或放大、更改颜色或沿着其中心旋转。

"动作路径"效果。动作路径是指定对象或文本沿路径运动,它是幻灯片动画序列的一部分。使用这类效果可以使对象上下移动、左右移动或者沿着星形或圆形图案移动。一般这类效果的设置是与其他效果一起进行的。

下面我们将以实例分别对这四种不同类型的动画效果进行操作示范。

1. 添加"进入"效果

为幻灯片中的某个对象添加"进入"效果,可以使其在幻灯片放映时从无到有地出现,它出现的方式有"基本型"、"细微型"、"温和型"以及"华丽型"四种特色动画效果。

下面,我们以《静夜思》课件第二页为例说明添加"进入"效果的方法。操作步骤如下:

①选中要添加动画效果的第一段文字,点击【动画】→【浮入】(如图5.1所示)。为对象添加了自定义动画效果的幻灯片,在页面左侧的"幻灯片视图"中会有一个五角星标注,在幻灯片页面中对应这段文字上则会出现不可打印的编号标记,该标记显示在设置有自定义动画的文本或对象旁边。仅当选择"动画"选项卡或"动画"任务窗格可见时,才会在"普通"视图中显示该标记(如图5.2所示)。

图5.1　添加"进入"效果

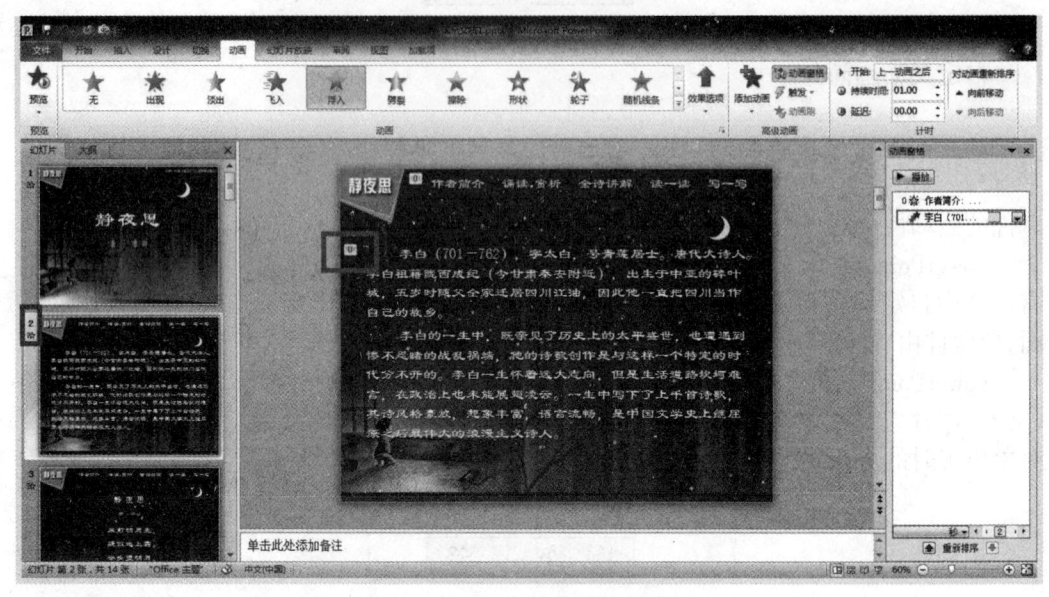

图5.2　添加自定义动画后的效果图

②依照上述步骤,为第二段文字添加"浮入"的动画效果。

技巧点拨:
　　PowerPoint 2010演示文稿中的动画进入效果有很多种类型,如果在设置时如图5.1所示的设置选项中没有看到所需的进入动画效果,可以展开设置选项,并在底部单击选择"更多进入效果"以设置需要的自定义动画。

2. 添加"强调"效果

　　为幻灯片中的某个对象添加"强调"效果,可以强调该对象,其效果是在幻灯片放映时该对象会直接出现在页面中,并会以设置的强调效果类型突出显示出来。
　　下面,我们以《静夜思》课件第二页为例说明添加"强调"效果的方法。操作步骤如下:
　　选中要添加动画效果的"作者简介"文本框,点击【动画】,展开设置选项,并在底部单击选择【更多强调效果】,弹出"添加强调效果"对话框,点击选择华丽型中的"闪烁",勾选预览效果,单击【确定】(如图5.3所示)。这里勾选预览效果,可以在添加动画时自动预览动画播放的效果,如发现效果不理想,可以再点选其他效果。

3. 添加"退出"效果

为幻灯片中的某个对象添加"退出"效果，可以使其在幻灯片放映时从有到无地消失。

下面，我们以《静夜思》课件第六页为例说明添加"退出"效果的方法。操作步骤如下：

①选中要添加退出效果的flash动画文件"mu.swf"，点击【动画】，展开设置选项，并在底部单击选择【更多退出效果】，弹出"添加退出效果"对话框，点击选择基本型中的"消失"，单击【确定】（如图5.4所示）。

②依照上述步骤，参照模块二第二节《静夜思》的文字脚本为其他对象添加相应的退出效果。

图5.3　添加"强调"效果　　　　图5.4　添加"退出"效果

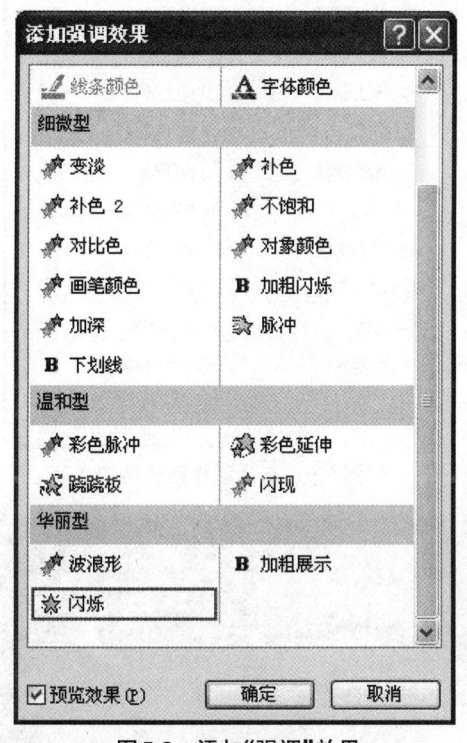

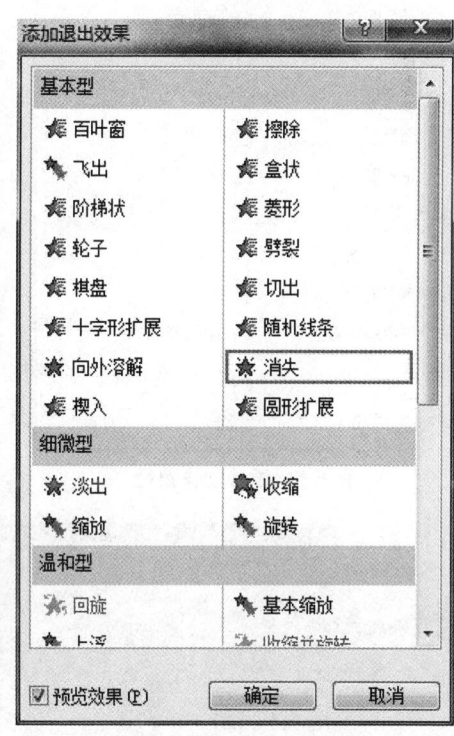

4. 添加"动作路径"效果

为幻灯片中某个对象添加动作路径效果，可以使其沿着指定的路径移动，例如上下移动、左右移动或者沿着星形或圆形图案移动等。

下面，我们以《静夜思》课件第10页为例说明添加动作路径效果的方法。操作步骤如下：

①选中要添加动画效果的艺术字"谢谢！"，点击【动画】，展开设置选项，并在底部单击选择【其他动作路径】，弹出"添加动作路径"对话框（如图5.5所示）。

②拖动右侧的垂直滚动条，点击选择直线和曲线类型中的"向上"，单击【确定】（如图5.6所示）。

③添加好动作路径效果后，幻灯片上会显示该对象的动作路径（如图5.7所示），其中的绿色三角所在的位置为路径起点，红色三角所在的位置为路径终点。

④我们可以根据需要对动作路径进行微调。把鼠标放到路径的起点或者终点，鼠标

变成空心斜箭头时,根据需要单击鼠标左键并拖动鼠标到指定位置即可;如果想将路径位置做整体移动,可以将鼠标放到路径的任意位置,鼠标变成十字实心箭头时,根据需要单击鼠标左键并拖动鼠标到指定位置即可。这里我们将艺术字"谢谢!"的动作路径向左下方移动,调整后的动作路径如图5.8所示。

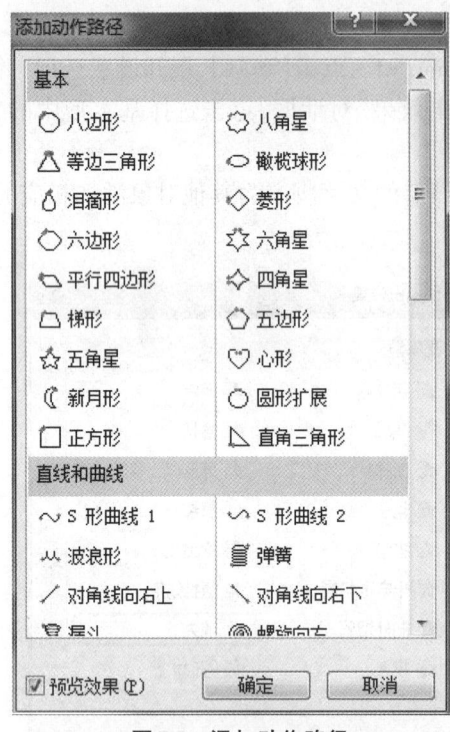

图5.5　添加动作路径

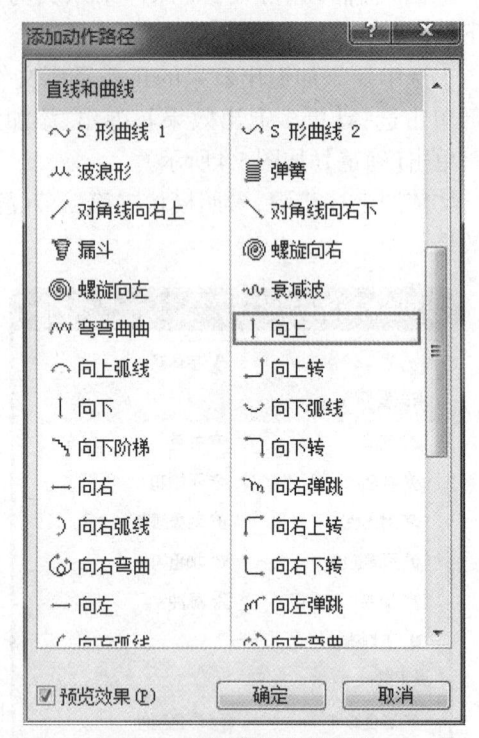

图5.6　选择动作路径类型

图5.7　添加动作路径后的效果图

图5.8 调整动作路径后的效果图

技巧点拨：
在 PowerPoint 2010 演示文稿中,我们为某个对象添加动作路径时,除了系统提供的既定路径外,还可以使用自定义路径来绘制个性化的路径,达到预想的运动效果。

二、优化自定义动画

1. 调整自定义动画顺序

为幻灯片中的对象添加好自定义动画后,我们有时需要对自定义动画的顺序进行调整。下面,我们以《静夜思》课件第二页为例说明调整自定义动画顺序的方法。

①点击【动画】→【动画窗格】,操作窗口右侧会出现动画窗格,在此罗列了幻灯片中已经设置好的动画(如图5.9所示)。

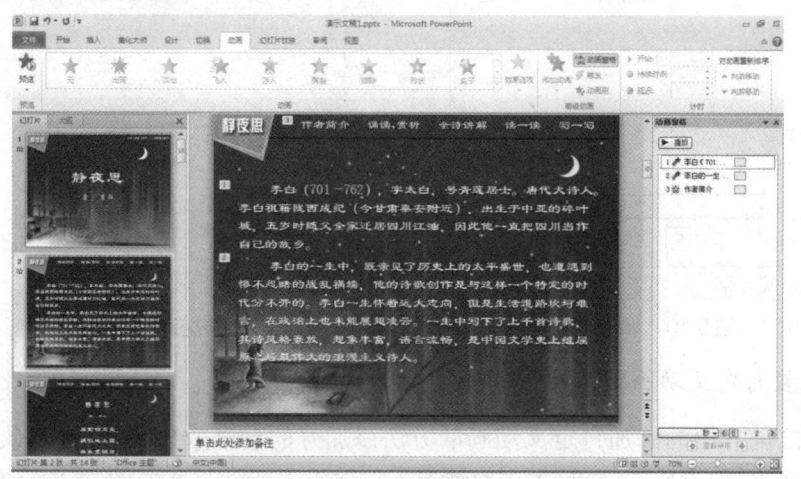

图5.9 动画窗格

②在动画窗格中,点击选中要调整顺序的动画对象 3☆ 作者简介 ,点击"重新排序"左边的往上 ⬆ 按钮,该动画对象顺序就由原来的第三位变为第二位(如图5.10所示)。

③再次点击"重新排序"左边的往上 ⬆ 按钮,该动画对象顺序就由原来的第二位变为第一位(如图5.11所示)。

> **技巧点拨:**
> PowerPoint 2010演示文稿中,在动画窗格中选中要调整顺序的动画对象,点击"重新排序"左右两边的往上 ⬆ 或往下 ⬇ 按钮,即可调整当前被选中的动画在播放时的顺序;还可以通过选中动画窗格中的动画对象拖动到指定位置的方法来调整动画播放顺序。

图5.10 调整动画顺序一　　　　图5.11 调整动画顺序二

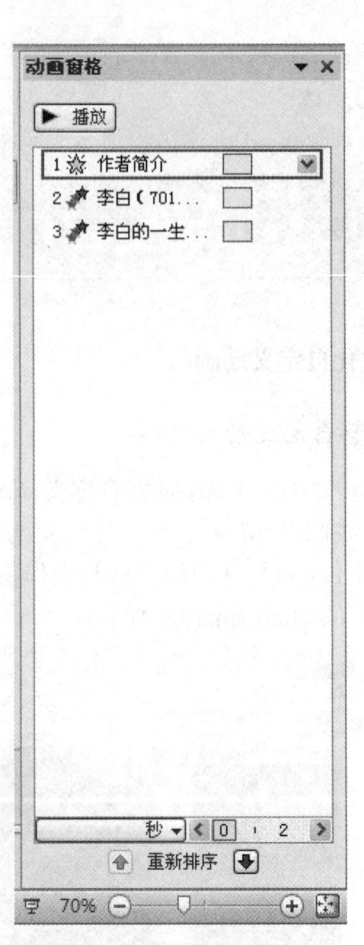

2. 设置自定义动画效果

运用之前介绍的添加自定义动画的方法添加好的动画效果,是软件默认的动画效果。相对而言,效果比较简单,大多数情况下该效果不能满足我们的表达意愿,因此,我们需要对动画效果做进一步的设置,进而优化动画效果。

下面,我们以《静夜思》课件第二页为例说明设置自定义动画效果的方法。

①在动画窗格中选中要设置自定义动画效果的对象 `1☆ 作者简介`。

②双击该对象,弹出自定义动画效果对话框(如图5.12所示),点击动画播放后的 `不要暗`,选择"其他颜色",弹出"颜色"对话框,选择自定义,输入颜色值:红色为0,绿色为255,蓝色为255(如图5.13所示),单击【确定】。

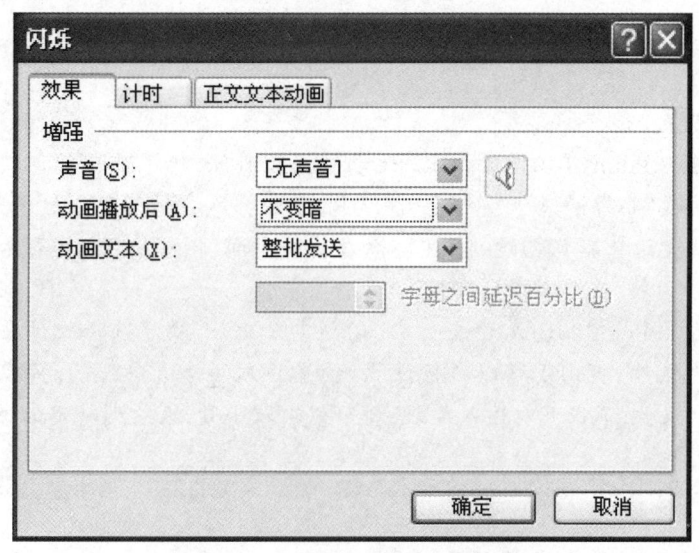

图5.12 自定义动画效果对话框

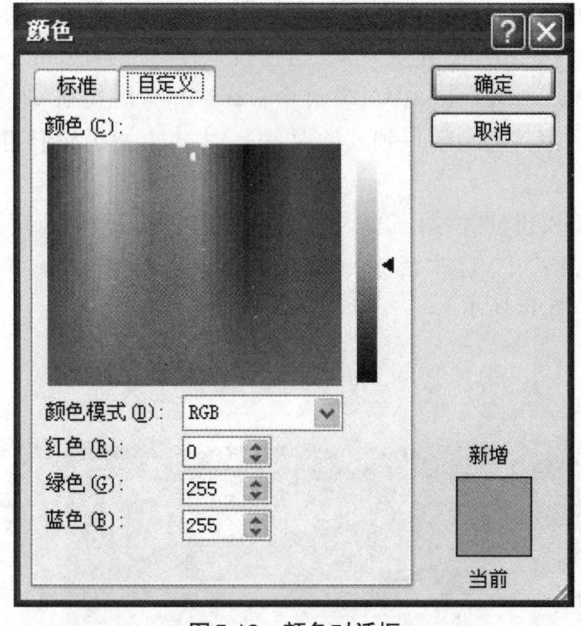

图5.13 颜色对话框

③选择"计时"选项卡,点击开始后面的 `单击时`,选择"上一动画之后"。

指示动画效果开始计时的方式有多种类型,包括:"单击时"表示动画效果在单击鼠标时开始;"与上一动画同时"表示动画效果开始播放的时间与列表中上一个效果的时间相同,此设置可以在同一时间组合多个效果;"上一动画之后"表示动画效果在列表中上一个效果完成播放后立即开始。

④点击期间后面的 快速(1 秒)▼,选择"非常快(0.5秒)"。

⑤点击重复后面的 无 ▼,选择"2",单击【确定】。

通过以上操作,文本框"作者简介",将在上一动画之后0.5秒的时间内闪烁两次,动画播放完毕后变成蓝绿色。

> **技巧点拨:**
>
> 1.PowerPoint 2010演示文稿中,动画播放时间,除了选择软件默认给定的五种速度(非常慢、慢速、中速、快速、非常快)外,我们还可以自行设置,设置的方法是选中默认的速度,直接输入播放时间,例如输入10,表示动画播放时间为10秒,比非常慢还要慢。
>
> 2.PowerPoint 2010演示文稿中,动画重复次数,除了选择软件默认给定的几种次数外,我们还可以自行设置,设置的方法是选中默认的次数,直接输入重复次数,不仅可以输入整数,还可以输入小数,来达到特定的效果。

3.运用动画刷设置自定义动画

我们在制作多媒体课件时,经常会遇到这样一种情况,同样的动画效果要加在很多不同的对象上,如果逐一添加自定义动画,会比较繁琐。PowerPoint 2010中增添了"动画刷"这一工具,它与Microsoft Office办公软件中Word中的"格式刷"功能类似,用它可以轻松快速地复制一个对象的动画效果到其他对象上,大大方便了我们对不同对象设置相同的动画效果。

下面,我们以《静夜思》课件第三页为例说明用"动画刷"复制自定义动画的方法。

①在第二页幻灯片中,选中已经设置好动画效果的"作者简介"文本框,点击【动画】→【动画刷】(如图5.14所示)。

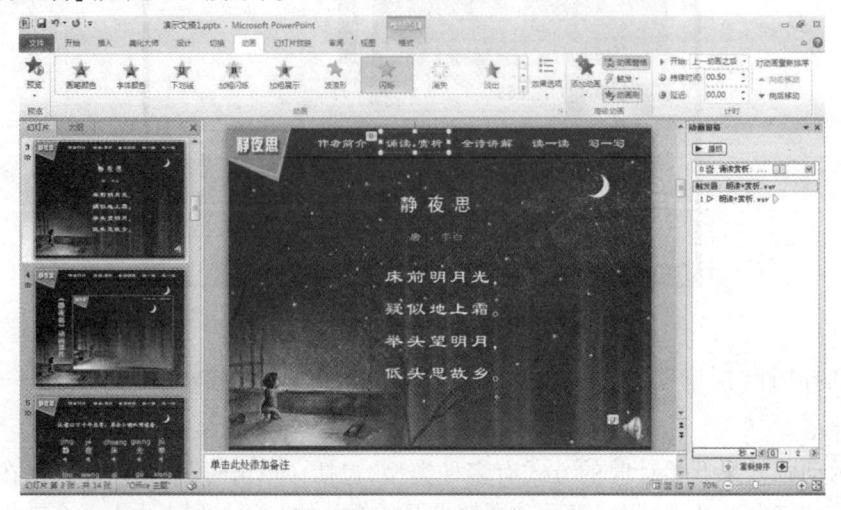

图5.14　动画刷

②点击第三页幻灯片中的"诵读·赏析"文本框,即为该文本框添加了同于"作者简介"文本框的动画,包括"闪烁"的强调效果,0.5秒的动画播放时间,播放次数也为2次等。

③依照上述步骤,参照模块二第二节《静夜思》的文字脚本分别为文本框"全诗讲解"、"读一读"、"写一写"添加相应的动作设置。

> **技巧点拨:**
> PowerPoint 2010演示文稿中的动画刷与Word中的格式刷类似,双击动画刷,可以多次应用,即双击一次动画刷,可以多次点击其他对象,使点击对象拥有相同的动画效果,直到再次单击动画刷,才能取消。

4. 为同一对象添加多个自定义动画并设置其效果

在PowerPoint 2010演示文稿中,我们可以根据多媒体课件的实际需求为同一对象添加四种自定义效果中的任意一种或者几种。例如,可以对一行文本应用"飞入"进入效果及"放大/缩小"强调效果,并设置动画开始条件为同时,使它在从左侧飞入的同时逐渐放大,其操作方法如下:

①选中需要添加动画的对象,点击【动画】→【飞入】,点击动画选项组中的【效果选项】,可以从中选择该对象飞入的方向(如图5.15所示)。

②再次选中需要添加动画的对象,点击【动画】→【添加动画】,选择强调中的"放大/缩小"(如图5.16所示)。

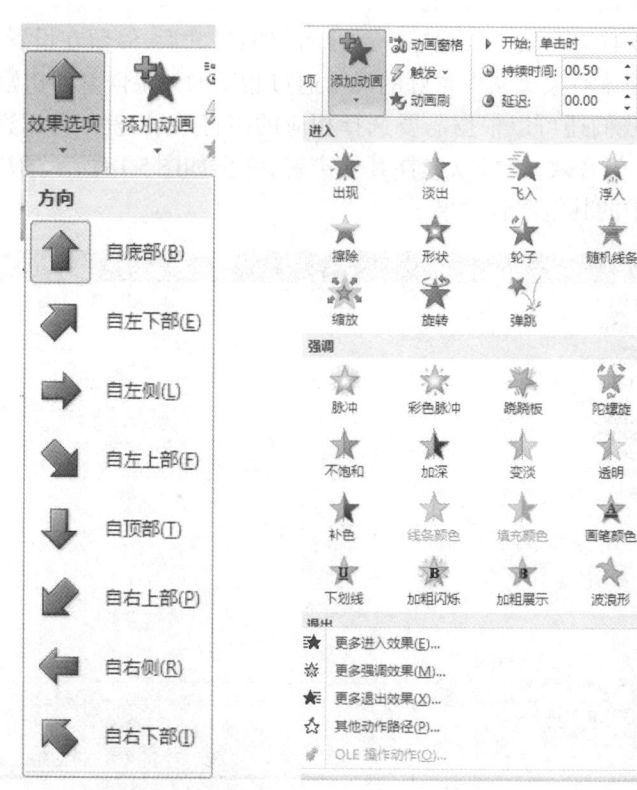

图5.15　效果选项示意图　　　　图5.16　添加动画

③点击【动画】→【动画窗格】,双击第二个动画,弹出"放大/缩小"效果设置对话框(如图5.17所示),在这里我们可以对动画效果进行精细设置。

图5.17 放大/缩小效果设置对话框

放大/缩小比例可以选择软件默认的几种大小中的一种,也可以自定义大小;同时,可以选择水平方向、垂直方向或者整体的缩放。

平滑开始和平滑结束时间的设置,这两者时间之和不能超过动画计时中的期间时间,也就是不能超过动画播放的持续时间。

不勾选自动翻转,该对象在放大或者缩小到设置好的尺寸后,停留在设置好的尺寸,而勾选该选项,则可以使该对象又从设置好的尺寸通过相反的效果恢复到初始值。

在效果选项卡中,我们还可以根据需要选择相应的声音效果,例如可以选择系统自带的爆炸、打字机、鼓掌等音效,也可以选择其他声音,弹出如图5.18所示的添加音频对话框,从而选择计算机中的其他声音效果。

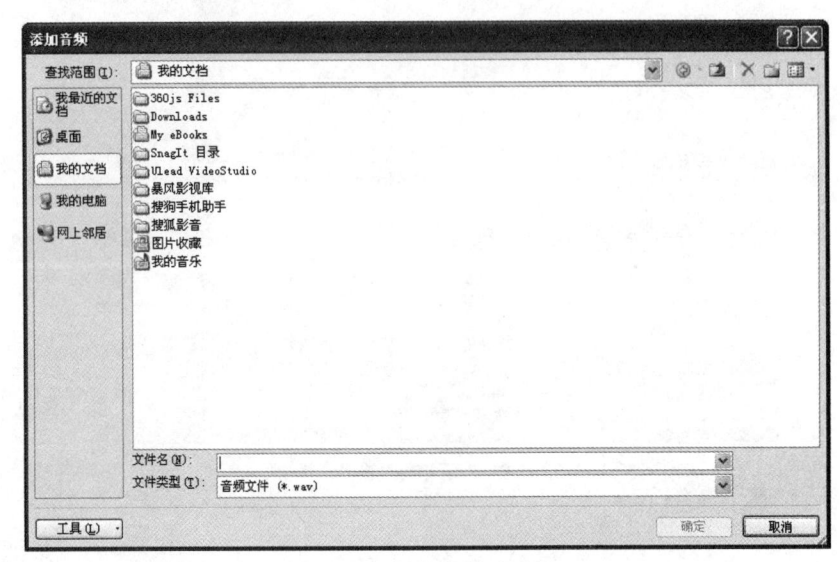

图5.18 添加音频对话框

技巧点拨：

　　PowerPoint 2010演示文稿中,为同一对象添加多个动画效果时,第二个及其以后的动画只能通过【动画】→【添加动画】的方式添加,不能直接在动画选项卡的设置选项中点击添加,否则,该对象将只有最后添加的一个动画。

5. 删除自定义动画效果

　　有时,我们对添加好的自定义动画不满意,可以将其删除,重新添加。具体操作方法如下:在动画窗格中选择需要删除自定义动画的对象,点击右键,在下拉菜单中选择"删除"即可。

三、《静夜思》课件其他页面动画设计与制作

　　利用上述自定义动画的添加及优化方法,参照模块二第二节《静夜思》的文字脚本为课件其他页面的对象设置自定义动画。

巩 固 练 习

1.【判断题】在PowerPoint 2010中,一个对象只能添加一个自定义动画效果。（　）
　　A.正确　　　B.错误

2.【判断题】自定义动画添加好后,通过设置"单击时""与上一动画同时""在上一动画之后"等选项只是选择动画开始条件,跟动画播放顺序无关。（　）
　　A.正确　　　B.错误

3.【单选题】自定义动画时,以下不正确的说法是（　）
　　A.各种对象均可设置动画　　　B.动画设置后,先后顺序不可改变
　　C.同时还可配置声音　　　　　D.可将对象设置成播放后隐藏

4.【多选题】PowerPoint2010提供了以下哪些特色动画效果（　）
　　A.基本型　　B.细微型　　C.温和型　　D.华丽型

5.【填空题】PowerPoint2010中自定义动画有进入、退出、＿＿＿＿、＿＿＿＿四种效果。

6.【综合设计】请制作一张如下图所示的幻灯片,要求:幻灯片放映时,浅蓝色小球围绕中间的红色小球做圆周运动,一直循环直到放映结束。

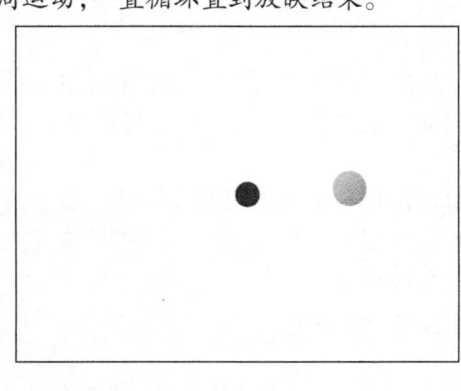

第二节　多媒体课件中动作设置、动作按钮与触发器的设计与制作

理论引领

动作设置、动作按钮与触发器简介

PowerPoint这款简单易学的多媒体课件制作工具提供了非常强大的超链接功能,使多媒体课件的交互更为丰富。除了模块三介绍的超链接外,动作设置和动作按钮也可以设计出丰富多彩的交互界面,实现幻灯片与幻灯片之间、幻灯片与其他外界文件或程序之间、幻灯片与网络之间的自由跳转。

除此以外,PowerPoint中还有一项重要的功能——触发器,它类似于一个开关,单击触发器时它会触发一个操作或者一种效果。触发器可以是文本框、图片、图形、音频、视频等,而由触发器触发的操作可以是音频、视频或动画。利用触发器可以更灵活多变地控制动画或声音等对象,实现许多特殊效果,让多媒体课件具备更强的交互功能。概括而言,PowerPoint触发器就是通过按钮点击控制PowerPoint页面中已设定动画的执行。

案例:触发器用途示例

示例1:在制作PowerPoint课件的时候,可能需要在课件中插入一些声音文件,但是怎样才能控制声音的播放过程呢?比如:想点击一个"播放"按钮,声音就会响起来,第一次点击"暂停/继续"按钮声音暂停播放,第二次点击"暂停/继续"按钮时声音继续接着播放(而不是回到开头进行播放),点击"停止"按钮声音停止。

示例2:点击页面中的缩略图,出现大图和说明文字。

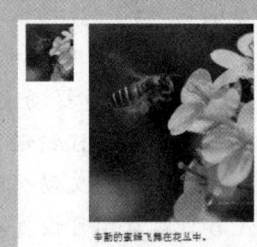

操作示范

一、添加动作设置

为某一对象添加动作设置,在幻灯片放映时,在该对象上单击鼠标左键或者鼠标移过该对象时,可以实现幻灯片与幻灯片之间、幻灯片与其他外界文件或程序之间、幻灯片与网络之间的自由跳转。

下面,我们以《静夜思》课件第七页为例说明添加动作设置的方法。

①在第七页幻灯片中,选中已经设置好的"春天的叶"文本框,点击【插入】→【动作】,弹出动作设置对话框(如图5.19所示)。

②选择超链接到下面的 下一张幻灯片 ,拖动滚动条,选

择"幻灯片",弹出超链接到幻灯片对话框,选择"11.幻灯片11"(如图5.20所示),单击【确定】即可。

③依照上述步骤,参照模块二第二节《静夜思》的文字脚本分别为文本框"夏天的花"、"秋天的果"、"冬天的雪"添加相应的动作设置。

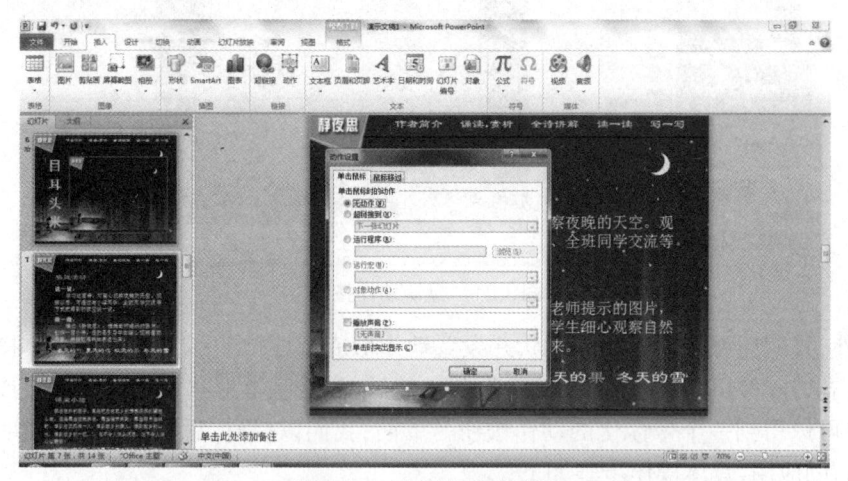

图5.19 动作设置对话框

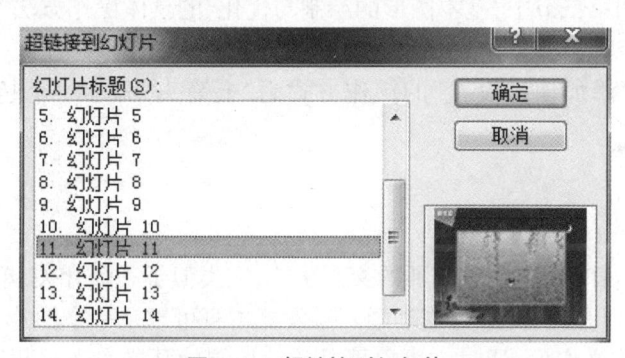

图5.20 超链接到幻灯片

技巧点拨：
　　PowerPoint 2010中通过添加"动作设置"实现的效果与模块三介绍的制作超链接实现的效果是一致的,在"动作设置"对话框中设置的超级链接对象可以链接到本演示文稿中的任意一张幻灯片、其他演示文稿以及某个应用程序或文件。

二、添加动作按钮

PowerPoint 2010中的动作按钮,也可以实现幻灯片页面之间的跳转。

在PowerPoint 2010中,点击【插入】→【形状】,在形状下拉菜单的最下方有12个默认的动作按钮(如图5.21所示)。这些默认按钮中,有些有系统默认设置的链接操作,有些没有,我们可以根据需要为这些按钮修改或者添加超链接操作,可以方便地对幻灯片的播放进行操作。

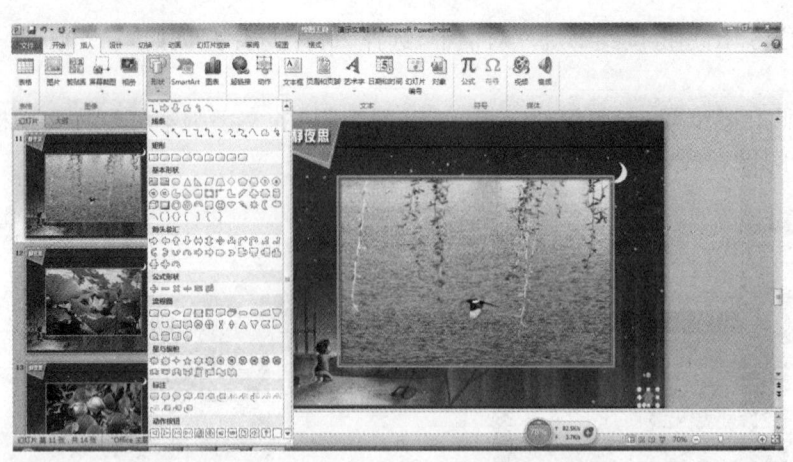

图5.21　默认动作按钮

此外，我们还可以自己绘制形状并设置动作形成个性化的动作按钮。具体操作步骤如下：首先，在幻灯片中添加一个基本形状。然后，为该基本形状添加上超链接或者动作设置，就可以得到一个个性化的动作按钮。下面，我们以《静夜思》第11页来说明个性化动作按钮的应用，具体操作步骤如下：

①参照模块四第二节中"基本图形的绘制与优化"的具体操作方法，在幻灯片第11页中添加一个"上箭头"；

②参照本节"添加动作设置"的操作方式为"上箭头"添加一个超链接到第7页幻灯片。

三、触发器

触发器是PowerPoint中一项重要的交互功能，它类似于一个开关，单击时会触发一个操作，操作对象可以是声音、影片或动画。触发器本身可以是一个图片、图形、按钮，甚至可以是一个段落或文本框，通过它可以更灵活地控制动画或声音视频等对象，实现许多特殊效果。

下面，我们以《静夜思》第6页来说明触发器的应用，具体操作步骤如下：

①运用前面所学内容，我们为"写一写"文本框添加了"闪烁"的强调效果，为"目"、"耳"、"米"、"头"四个文本框添加了"淡出"的进入效果，并插入"mu.swf"、"er.swf"、"tou.swf"、"mi.swf"四个Flash动画，设置相应的动画效果（如图5.22所示）。

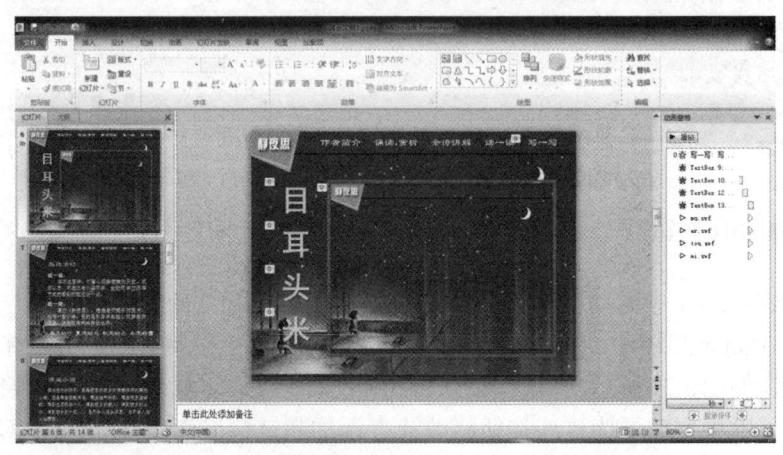

图5.22　第6页效果图

技巧点拨：

PowerPoint 2010中插入Flash动画或者其他的视频文件后，会自动为这类文件添加"播放"的自定义动画效果，并且在动画窗格中显示为一个▷。

②参照第一节添加自定义动画的具体操作方法，我们为"目"文本框添加"闪烁"的强调效果，为"er.swf"、"tou.swf"、"mi.swf"三个Flash动画添加"消失"的退出效果，为"mu.swf"这个Flash动画添加"淡出"的进入效果（如图5.23所示）。

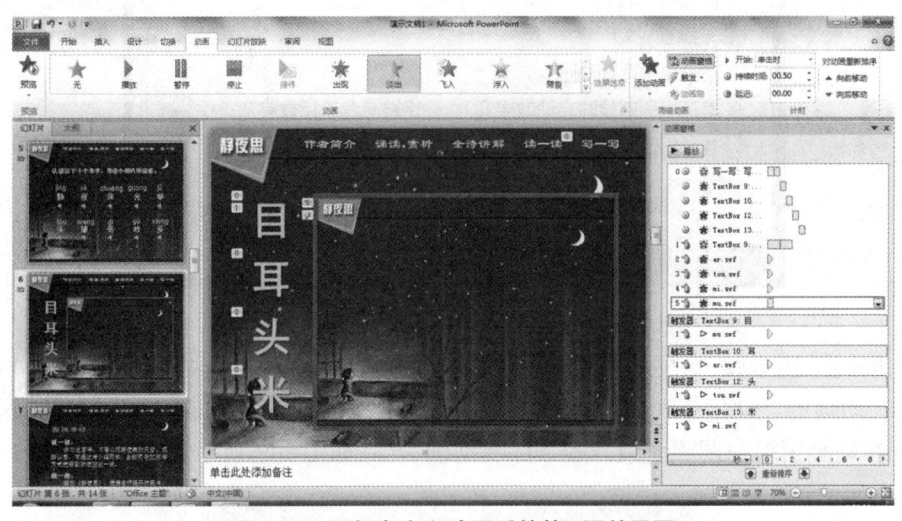

图5.23　添加自定义动画后的第6页效果图

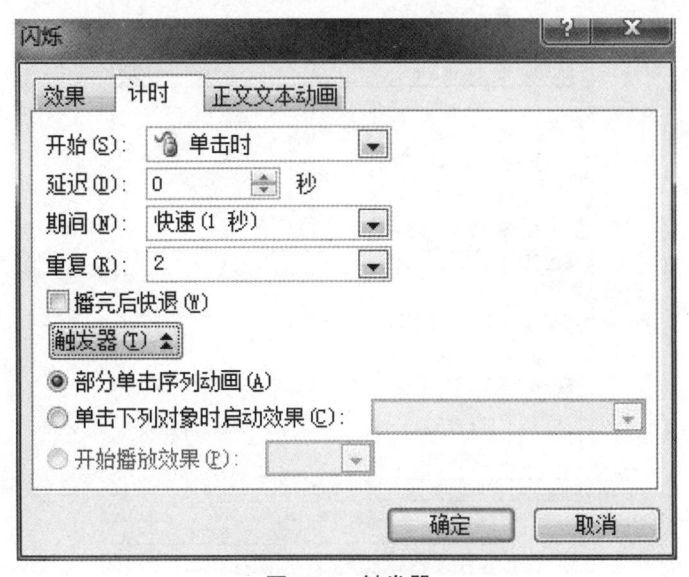

③在动画窗格中双击 [1 ☆ TextBox 9:...]，弹出自定义动画效果对话框，选择"计时"选项卡，点击 [触发器(T)]，显示触发器相关选项（如图5.24所示）。

图5.24　触发器

④点击⊙单击下列对象时启动效果(C):,选择"TextBox9:目",单击【确定】(如图5.25所示)。

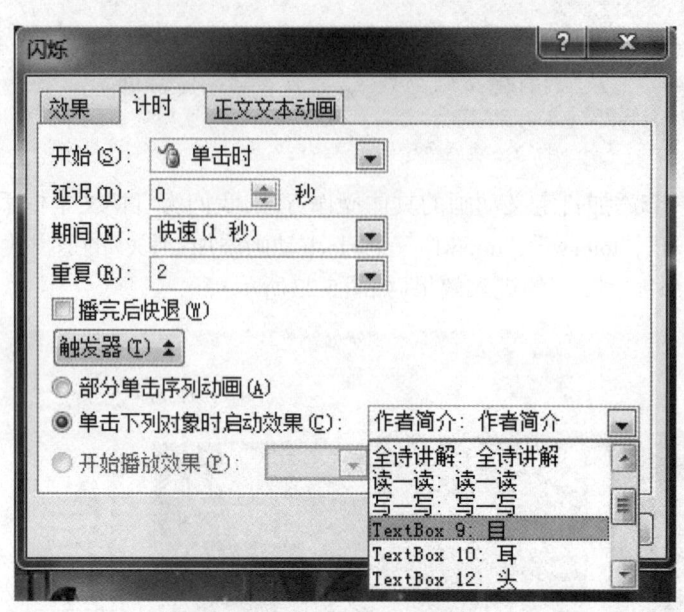

图5.25 触发器相关选项

⑤依照上述步骤,为"er.swf"、"tou.swf"、"mi.swf"三个Flash动画的"消失"退出效果、"mu.swf"动画的"淡出"进入效果设置同样的触发器,即单击"TextBox9:目"时启动效果。

⑥在动画窗格中调整动画开始条件及动画顺序(如图5.26所示)。

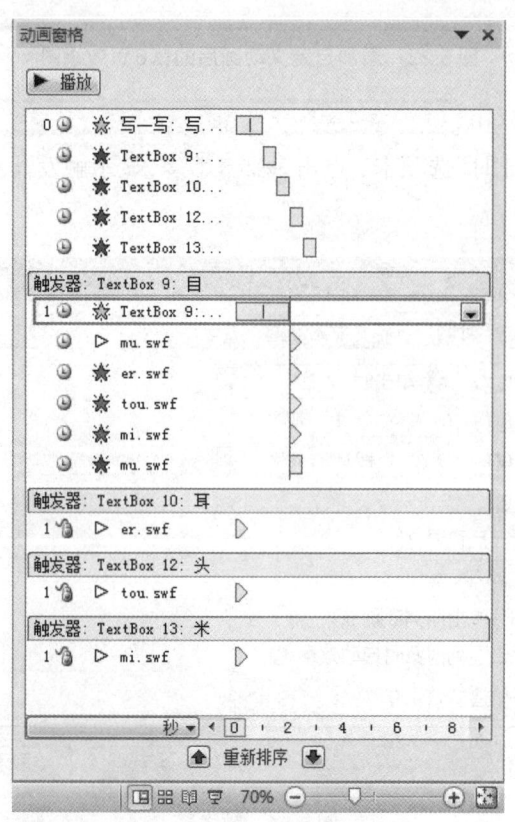

图5.26 调整动画开始条件和顺序后的效果图

⑦依照上述步骤,参照模块二第二节《静夜思》的文字脚本为该页面设置其他触发器。

巩固练习

1.【单选题】在PowerPonit 2010中可以使用(　　)来为自己绘制的图形添加链接。
　　A.超链接　　　　B.动作　　　　C.动画　　　　D.超链接和动作
2.【单选题】在幻灯片的"动作设置"功能中不可通过(　　)来触发多媒体对象的演示。
　　A.单击鼠标　　B.移过鼠标　　C.双击鼠标　　D.单击鼠标和移过鼠标
3.【判断题】PowerPoint 2010中,形状中的默认动作按钮只能链接到默认位置,不能进行修改。(　　)
　　A.正确　　　　　B.错误
4.【多选题】当一张幻灯片要建立超级链接时,无论是动作按钮、动作设置还是超链接都(　　)
　　A.可以链接到其他的幻灯片上　　B.可以链接到本页幻灯片上
　　C.可以链接到其他演示文稿上　　D.不可以链接到其他演示文稿上
5.【多选题】在幻灯片的"动作设置"对话框中设置的超级链接对象可以链接到(　　)
　　A.下一张幻灯片　　　　　　　　B.一个应用程序
　　C.其他演示文稿　　　　　　　　D.幻灯片的某一对象
6.【综合设计】请制作一张如下图所示的幻灯片,要求:单击开始按钮时,小球进行圆周运动。

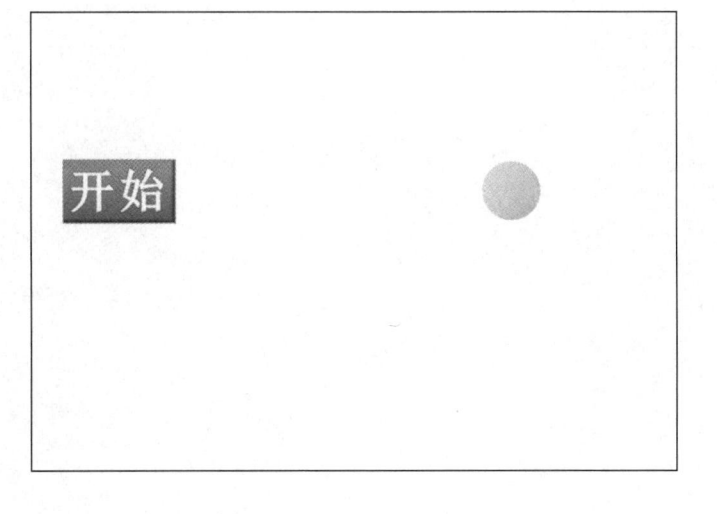

模块六　多媒体课件的发布测试

【学习目标】

知识目标

知道幻灯片切换和幻灯片放映的概念和作用；

理解PowerPoint不同的文件格式类型。

技能目标

能给课件中的页面统一或者分别设置幻灯片切换效果；

能熟练运用鼠标或键盘进行多媒体课件的放映和控制；

能根据需要将多媒体课件保存为不同的格式和版本文件；

能运用PowerPoint的打包发布功能将多媒体课件打包成CD。

情感、态度、价值观目标

通过体验不同的幻灯片切换效果，提高审美能力；

通过播放演示多媒体课件，获得制作多媒体课件的成就感。

【重难点】

为课件页面设置合适的幻灯片切换效果

运用PowerPoint的打包发布功能将课件打包成CD

第一节　多媒体课件页面切换效果及放映方式设计

理论引领

一、幻灯片切换

在演示文稿放映过程中由一张幻灯片进入另一张幻灯片就是幻灯片之间的切换，为了使演示文稿更具趣味性，在幻灯片切换时可以设置特殊视觉或听觉效果。PowerPoint 2010提供了很多切换视觉效果，主要分为细微型、华丽型和动态内容三大类，常用的音响效果有"风铃""鼓掌""激光""打字机"等。

二、幻灯片放映

放映幻灯片时，默认方式是通过鼠标或键盘切换幻灯片，也可以设置每张幻灯片的放映时间，实现自动放映。设置放映时间有人工设时和排练计时两种方式。

为了适应不同场合的需要，幻灯片有不同的放映方式，即"演讲者放映""观众自行浏览"和"在展台浏览"，PowerPoint 2010默认的是"演讲者放映"方式。

"演讲者放映（全屏幕）"：这是PowerPoint 2010中常规的放映方式。在放映过程中，幻灯片全屏播放，可以使用人工控制幻灯片的放映进度和动画出现的效果；如果希望自动放映幻灯片，可以使用"幻灯片放映"中的"排练计时"功能设置幻灯片放映的时间，使其自动播放。

"观众自行浏览（窗口）"：如果幻灯片在小范围放映，同时又允许观众动手操作，可以选择"观众自行浏览（窗口）"方式。在这种方式下幻灯片出现在小窗口内，并提供命令在放映时移动、编辑、复制和打印幻灯片，移动滚动条从一张幻灯片移到另一张幻灯片。

"在展台浏览（全屏幕）"：如果幻灯片在展台、摊位等无人看管的地方放映，可以选择"在展台浏览（全屏幕）"方式，此方式在放映时全屏幕，用户不能控制幻灯片的放映过程，只能按【Esc】键结束放映。当选定该项时，会自动设定"循环放映，Esc键停止"的复选框。每次放映完毕后，如5分钟内观众没有进行干预，会重新自动播放。

操作示范

一、设置幻灯片切换效果

在幻灯片浏览视图和普通视图中增加切换效果较为方便，基本上所有关于幻灯片切换的设置都可以在"切换"选项卡中完成。

1. 添加幻灯片切换效果

下面，我们以《静夜思》课件第一页为例说明添加幻灯片切换效果的方法。

（1）选中《静夜思》课件第一张幻灯片，单击"切换"选项卡【切换到此幻灯片】组中的其他按钮，选择【华丽型】中的"时钟"（如图6.1所示）。在PowerPoint窗口的编辑区域会自动放映一次该切换效果。单击"切换"选项卡最左侧的【预览】按钮，也可以在PowerPoint窗口的编辑区域再次预览该切换效果。

图6.1 添加"时钟"切换效果

技巧点拨：

PowerPoint 2010提供了很多切换效果，可以通过"切换到此幻灯片"组中的上下翻页按钮▲和▼进行查找，也可以单击通过"切换到此幻灯片"组中的"其他"按钮▼，将所有切换效果显示出来后再进行查找。"切换到此幻灯片"组中某种切换效果呈黄色背景，表明当前这张幻灯片设置了该切换效果。

可以先选中多张幻灯片，然后单击选择某种切换效果，来实现快速为多张幻灯片设置同样的切换效果。

（2）单击【切换】→【切换到此幻灯片】→【效果选项】→【楔入】，将"时钟"切换效果设为楔入类型。

技巧点拨：

大部分切换效果可以进一步设置"效果选项"，每种切换效果的效果选项不尽相同。例如，"时钟"效果可以设置为顺时针、逆时针和楔入，"擦除""揭开""覆盖"等效果可以设置为从底部、从顶部、从左侧、从右侧、从右上部、从右下部、从左上部和从左下部；"溶解"效果不能设置效果选项。

（3）在【切换】→【计时】→【持续时间】框中，输入"02.00"或单击上下调节按钮，将时间设置为"02.00"。设置好时间后单击【预览】按钮，在PowerPoint窗口的编辑区域中可以发现幻灯片切换速度比之前稍微慢些了。

技巧点拨：

PowerPoint中每种切换效果的默认时间不尽相同，我们可以按照需要进行设置，持续时间越长表示幻灯片切换速度越慢，否则幻灯片切换速度越快。"02.00"表示幻灯片切换需要花2秒钟时间。

(4)单击【切换】→【计时】→【声音】框里的箭头▼，在下拉列表中选择"风铃"，单击【预览】按钮，可以听到"风铃"音效。

技巧点拨：

PowerPoint中为幻灯片切换提供了很多种音效，也可以使用外部的wav格式声音文件作为音效，设置的时候可以先将鼠标指向音效进行试听，觉得满意再单击选择。值得注意的是，不要滥用切换音响效果，尤其是不要在音响效果不太好的场合播放幻灯片切换音响效果。

(5)依照上述步骤，参照模块二第二节《静夜思》的文字脚本为其他幻灯片设置切换效果。

2. 更改幻灯片切换效果

以上效果全部设置好后，单击【预览】按钮，可以预览切换视觉效果、声音效果是否满意，感受一下速度是否合适。如果觉得幻灯片切换效果不满意，可以在"切换到此幻灯片"组中选择另外的切换效果，或设置效果选项。如果觉得速度不合适，可以重新调节持续时间。如果觉得音效不合适，也可以重新选择设置其他音效。

技巧点拨：

在"切换到此幻灯片"组中选择 无 ，则表示取消幻灯片切换效果。
在"切换到此幻灯片"组中选择"随机"，则在演示文稿放映的时候PowerPoint会随机给幻灯片选择一种切换效果。
如果要取消幻灯片切换音效，则单击【切换】→【计时】→【声音】框里的箭头▼，在下拉列表中选择"无声音"即可。
单击"计时"组中的【全部应用】按钮 全部应用 ，可以将设置的幻灯片切换效果、持续时间、音效等一次性应用到该演示文稿的每张幻灯片中。

二、放映幻灯片

制作多媒体课件的时候,经常需要放映幻灯片测试课件效果,如果发现问题可以及时返回编辑修改,制作好了的多媒体课件要展示的时候也需要放映幻灯片。请按照下列操作方法,学习启动幻灯片放映、控制幻灯片放映和幻灯片放映时对幻灯片标注说明。

1. 启动放映

在 PowerPoint 2010 窗口中,启动幻灯片放映有以下几种方法:

● 单击【幻灯片放映】→【开始放映幻灯片】→【从头开始】按钮 ;或者按下【F5】键,都可以从头开始放映幻灯片;

● 单击【幻灯片放映】→【开始放映幻灯片】→【从当前幻灯片开始】按钮 ,或者单击窗口右下角的【幻灯片放映】按钮 ;或者按下【Shift】+【F5】键,都可以从当前选中的幻灯片开始放映幻灯片。

2. 控制放映

(1) 切换幻灯片

在幻灯片放映过程中,切换至下一张幻灯片有以下方法:

● 在幻灯片空白处单击鼠标左键。
● 按下空格键。
● 在幻灯片空白处单击鼠标右键后在弹出的快捷菜单中选择"下一张"选项。
● 按下【PageDown】键、【N】键、【→】键或者【↓】键。

在幻灯片放映过程中,切换到上一张幻灯片有以下方法:

● 在幻灯片空白处单击鼠标右键后在弹出的快捷菜单中选择"上一张"选项。
● 按下【PageUp】键、【P】键、【←】键或者【↑】键。

(2) 定位幻灯片

在幻灯片放映过程中,可以定位至某张幻灯片,然后从该幻灯片开始顺序放映。操作方法如下:

● 在幻灯片空白处单击鼠标右键后在弹出的快捷菜单中选择"定位至幻灯片"选项,然后在下级菜单中选择某一张幻灯片即可。
● 输入幻灯片编号(输入时看不到输入的编号),然后按回车键,即可定位至相应编号的幻灯片。

(3) 暂停放映

使用排练计时功能自动放映幻灯片时,有时候需要暂停放映,以便处理发生的特殊状况。操作方法如下:

● 在幻灯片空白处单击鼠标右键后在弹出的快捷菜单中选择"暂停"选项。
● 按【S】键或者【+】键。

暂停放映后,继续放映的操作方法如下:

● 在幻灯片空白处单击鼠标右键后在弹出的快捷菜单中选择"继续执行"选项。
● 按【S】键或者【+】键。

(4) 结束放映

当最后一张幻灯片放映完后出现黑色屏幕(前提是没有设置循环放映),屏幕顶部会出现"放映结束,单击鼠标退出"字样(如图6.2所示),这时单击鼠标左键即可结束放映。

图6.2 屏幕顶部出现"放映结束,单击鼠标退出"字样

在放映中途若想结束放映,方法如下:
● 按【Esc】键、【-】键或者【Ctrl】+【Break】键。
● 在幻灯片空白处单击鼠标右键后在弹出的快捷菜单中选择"结束放映"选项。

3. 标注放映

在放映中途,可以用鼠标在屏幕上对幻灯片进行标注说明。方法如下:
● 在幻灯片空白处单击鼠标右键后在弹出的快捷菜单中选择"指针选项"选项,然后在下级菜单中选择"笔"或者"荧光笔",按住鼠标左键不放,移动鼠标进行圈画或书写即可对幻灯片进行注释。
● 在幻灯片空白处单击鼠标右键后在弹出的快捷菜单中选择"指针选项"选项,然后在下级菜单中选择"墨迹颜色",可以在弹出的颜色选单中任意选择设置墨迹的颜色,一般设置与幻灯片内容反差较大的颜色,使注释醒目。
● 在幻灯片空白处单击鼠标右键后在弹出的快捷菜单中选择"指针选项"选项,然后在下级菜单中选择"橡皮擦",此时鼠标光标变为橡皮擦样式,单击涂画的注释,可以擦除注释。
● 在幻灯片空白处单击鼠标右键后在弹出的快捷菜单中选择"指针选项"选项,然后在下级菜单中选择"箭头",可以取消标注幻灯片状态,继续放映幻灯片。

放映过程中对幻灯片进行标注说明后再结束放映时,会自动弹出一个提示框(如图6.3所示),可以根据需要选择"保留"或"放弃"幻灯片注释。

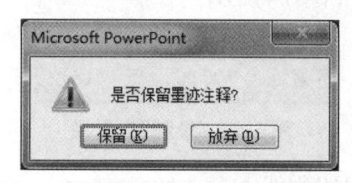

图6.3 "是否保留墨迹注释"提示框

三、设置幻灯片放映

演示文稿做好了以后,有时候需要由演讲者播放,有时候需要让观众自行播放,有时候需要由演讲者利用鼠标或者键盘控制幻灯片的播放,有时候又需要无人值守自动播放,这些需要都可以通过设置幻灯片放映来实现。

1. 设置换片时间

放映幻灯片时,默认方式是通过鼠标或键盘切换至下一张幻灯片。也可以设置每张幻灯片的自动换片时间,使得在指定时间长度后自动切换至下一张幻灯片,无需手工操

作鼠标或者键盘。设置自动换片时间有"人工设时"和"排练计时"两种方式。

(1) 人工设时

选中《静夜思》课件第9张幻灯片,在"切换"选项卡的"计时"组,设置"自动换片时间"框中的时间为00:10.00,表示放映的时候,第9张幻灯片的放映持续10秒钟后无需单击鼠标或者按键盘就可以自动切换至第10张幻灯片。依照上述步骤,参照模块二第二节《静夜思》的文字脚本为其他幻灯片设置换片时间。

(2) 排练计时

> **技巧点拨：**
> 　　如果设置的换片时间长度少于该张幻灯片中所有自定义动画所需的时间,则放映的时候会等所有自定义动画播放完之后切换至下一张幻灯片。如果某张幻灯片中插入了声音,则声音播放完了后才会切换至下一张,而如果设置了声音跨幻灯片播放,则不一定会等声音播放完,只要换片时间到了就会自动切换至下一张。
> 　　人工设时方式需要设置每张幻灯片的换片时间,比较快捷的方法是设置某张幻灯片的换片时间后,单击【切换】→【计时】→【全部应用】按钮 全部应用,将该换片时间应用于所有幻灯片,再修改其中不同于这个时间长度的那些幻灯片的换片时间。

排练计时是实现自动播放效果的一种非常好用且灵活的方法。PowerPoint支持在排练预演幻灯片过程中,自动记录每张幻灯片的时间,然后在放映的时候按照这些时间自动放映和换片。请参考下面的方法,进行静夜思课件的放映排练预演。

单击【幻灯片放映】→【设置】→【排练计时】按钮 排练计时,会从头开始放映幻灯片,并且屏幕上会出现"录制"工具栏(如图6.4所示)。

图6.4 "录制"工具栏

"录制"工具栏中各工具的功能如下：
● 中间的时间框:当前这张幻灯片所用的时间。
● 右边的时间框:所有幻灯片总共用的时间。
● ➡ 按钮:单击则进行下一张幻灯片的计时。
● ⏸ 按钮:单击则暂停当前幻灯片的计时。
● ↺ 按钮:单击则重新对当前幻灯片计时。

在排练计时过程中,按照预想的顺序及效果放映幻灯片,PowerPoint自动记录每张幻灯片的换片时间以及幻灯片各个动画的播放及停留时间。当放映到最后一张幻灯片,或者放映中途按【Esc】键或者单击鼠标右键,选择"结束放映",结束排练计时,会弹出一个提示框(如图6.5所示)。如果觉得刚才的排练预演成功则单击"是",否则单击"否",然后

再重新进行排练计时,直到满意为止。

图6.5 "是否保留新的幻灯片排练时间"提示框

单击"是"后,会自动进入"幻灯片浏览"视图,可以看到每张幻灯片的左下角有一个PowerPoint记录的时间信息,这就是刚才排练预演的时候每张幻灯片的换片时间(如图6.6所示)。

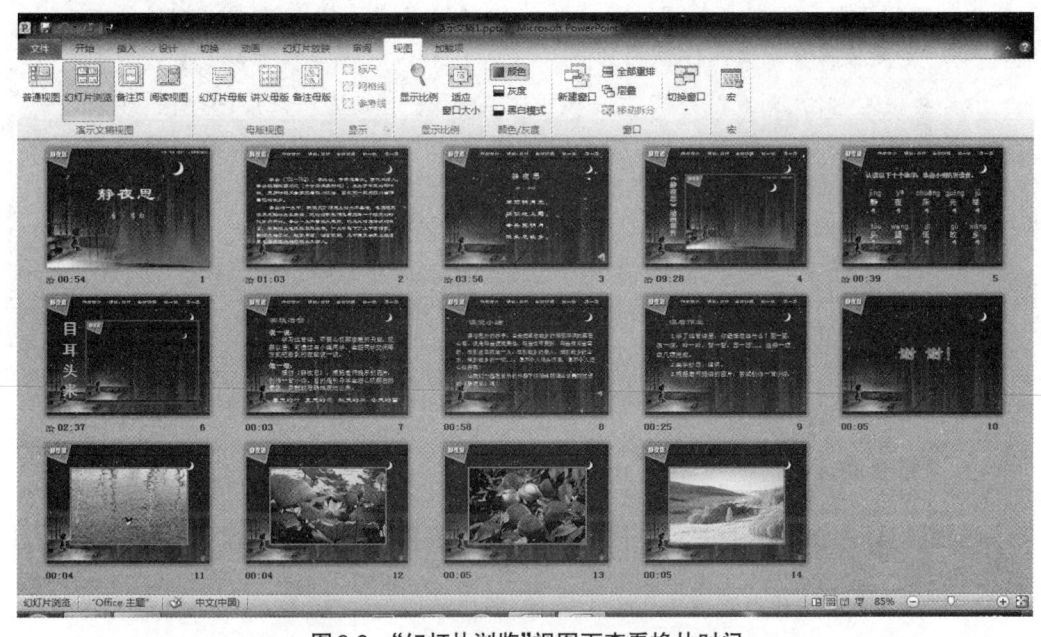

图6.6 "幻灯片浏览"视图下查看换片时间

单击【幻灯片放映】→【开始放映幻灯片】→【从头开始】按钮,可以看到幻灯片从头开始放映,而且会自动换片。以下几点值得注意:①《静夜思》课件里有几张幻灯片插入了音乐,所以即使排练计时的时候音乐没有播放完就切换至下一张,但是放映的时候仍然会等音乐播放完才切换。②《静夜思》课件里第4张和第6张幻灯片中插入的swf动画,不会自动播放。③《静夜思》课件第5张和第6张幻灯片中设置了触发器的那些动画在排练计时的时候是按照什么顺序触发了哪些动画,在放映的时候就会按照这个顺序播放这些动画,没有触发的那些动画则不会播放。④《静夜思》课件里第7张幻灯片中制作的超链接,不会自动播放链接跳转和返回。⑤课件放映到第10张幻灯片"谢谢"时不会结束放映,只有放映到第14张(即本演示文稿最后一张)时才会自动结束放映。所以像《静夜思》课件这种演示型课件一般不保存排练计时的时间信息,以免正式演示的时候和彩排时候不一样,造成解说和课件播放不同步,也不要设置为自动播放模式,观赏娱乐型课件一般设置为自动播放模式。对于演示型课件而言,排练计时功能可以用于彩排预演,也可以在正式演示或者比赛的时候用于严格把握时间,演讲者自己和台下的评委观众都可以看到计时,非常方便。

排练计时的时间信息保留后,如果觉得不太合适,可以重新进行排练计时,也可以将时间信息清除。清除排练时间的方法：单击【幻灯片放映】→【设置】→【录制幻灯片演示】按钮，在下级菜单中选择"清除"选项，单击"清除当前幻灯片中的计时"选项，则只清除当前这张幻灯片的计时；单击"清除所有幻灯片中的计时"选项，则清除当前演示文稿中所有幻灯片的计时。

技巧点拨：

在"切换"选项卡的"计时"组的【换片方式】中，如果勾选"单击鼠标时"，则表示在演示文稿放映的时候单击鼠标左键可以切换幻灯片，否则单击鼠标不能切换幻灯片。如果既勾选了"单击鼠标时"，又设置了自动换片时间，则在演示文稿放映的时候，还没有到达所设定的时间，单击鼠标可以切换幻灯片，到达设定的时间后不单击鼠标也会自动切换幻灯片。如果既没有勾选"单击鼠标时"，也没有设置自动换片时间，则在演示文稿放映的时候，可以通过键盘切换幻灯片。例如通过按下【PageDown】键、【N】键、【→】键、或者【↓】键来切换到下一张幻灯片；通过按下【PageUp】键、【P】键、【←】键或者【↑】来切换到上一张幻灯片。

---

2. 设置放映方式

单击【幻灯片放映】→【设置】→【设置幻灯片放映】按钮，弹出"设置放映方式"对话框（如图6.7所示），在放映类型中单击选择"演讲者放映（全屏幕）"。

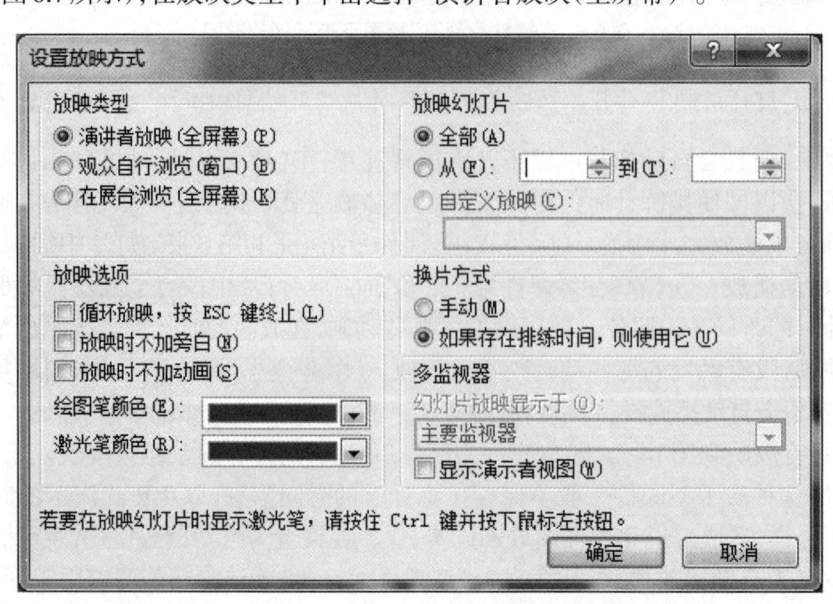

图6.7 "设置放映方式"对话框

技巧点拨：

在"设置放映方式"对话框的"放映选项"栏中，如果勾选"循环放映，按ESC键终止"复选框，则可以循环放映幻灯片，直到按【Esc】键结束放映。如果勾选"放映时不加旁白"复选框，即使录制了旁白，也不播放。如果勾选"放映时不加动画"复选框，即使幻灯片设置了动画效果，放映时也不显示动画效果。在"放映幻灯片"栏中输入幻灯片的编号，还可以选择只放映演示文稿中部分幻灯片，确定"放映幻灯片"范围。在"换片方式"栏中如果选择"手动"单选按钮，计时演示文稿中有排练计时信息，也不会起作用，只能通过鼠标或键盘进行幻灯片切换。如果选择"如果存在排练时间，则使用它"单选按钮，则根据排练计时的时间信息自动进行幻灯片切换。

巩固练习

1. 【填空题】幻灯片切换是指幻灯片放映过程中，从一张幻灯片换至（　　　）。
2. 【单选题】在PowerPoint 2010中，一张幻灯片只能设置一种切换效果。（　）
   A.对　　　　　B.错
3. 【单选题】下列关于幻灯片切换的说法正确的是（　　）。
   A.幻灯片的切换速度都是固定的，不能调节
   B.幻灯片放映过程中只能通过鼠标或者键盘操作来切换幻灯片
   C.幻灯片可以设置自动切换
   D.幻灯片切换的时候不能配音响效果
4. 【判断题】在PowerPoint 2010中，幻灯片只能从头开始放映。（　）
   A.正确　　　　B.错误
5. 【单选题】在PowerPoint 2010中，幻灯片放映中途想结束放映可以按（　　）键。
   A.【Ctrl】　　B.【Alt】　　C.【Shift】　　D.【Esc】
6. 【单选题】下列关于幻灯片放映的说法正确的是（　　）。
   A.幻灯片放映过程中可以通过鼠标对幻灯片进行标注说明
   B.如果设置了排练计时，则幻灯片放映的时候只能通过排练计时自动放映
   C.幻灯片放映中途，不能提前结束放映
   D.幻灯片只能全屏放映
7. 【单选题】在PowerPoint 2010（　　）中，可以非常方便地看到所有幻灯片的自动换片时间。
   A.普通视图　　B.浏览视图　　C.阅读视图　　D.放映视图
8. 【简答题】在幻灯片放映的时候，可以用哪些方法切换到下一张幻灯片？
9. 【简答题】常用的幻灯片放映类型有哪些？分别适用于哪些场合？
10. 【分析论述】结合实例说明人工放映和自动放映的优缺点。

第二节　多媒体课件的保存与发布

理论引领

一、演示文稿文件格式

演示文稿是用PowerPoint创建的文件，用来存储用户设计的幻灯片。一个演示文稿对应一个PowerPoint文件，PowerPoint 2010可以用以下几种格式保存演示文稿文件。

● .pptx，此格式为演示文稿的默认格式，一般我们在制作课件时都保存为此格式，此格式文件的图标是。

● .ppsx，此格式为演示文稿的放映格式，文件的图标是。双击该类型的演示文稿文件，直接进入幻灯片放映状态，结束放映则自动关闭文件。要想再编辑修改该类型的文件，需要先将文件的扩展名改为.pptx，再打开改名后的文件进行编辑。

● .potx，此格式为演示文稿模板文件，图标是，在模板中可以统一设置字体格式、背景、配色方案等，模板一经修改，所有应用该模板的幻灯片都会自动更新。极大地提高了制作效率，节约了时间。

● .pptm，此格式为启用宏的演示文稿文件，图标是。如果演示文稿中有宏编程，则需要将演示文稿保存为此类型。

在PowerPoint 2003及以前的版本中以上类型演示文稿文件的扩展名依次为".ppt"".pps"".pot"".ppt"。PowerPoint软件能够提供向下兼容，也即PowerPoint 2010能够打开PowerPoint 2010及之前版本的文件，但是PowerPoint 2003不能打开PowerPoint 2003之后版本的文件。而用PowerPoint 2010软件编辑的演示文稿文件也可以保存为2003版本的格式。

PowerPoint还能将演示文稿的幻灯片保存为一张张图片，或者将整个演示文稿保存为一个pdf文件。PowerPoint 2010及以上版本还可以将演示文稿保存为视频格式等。

二、自动保存

自动保存是很多软件具有的一项重要功能，PowerPoint也不例外。PowerPoint软件具有自动保存恢复功能，可以在软件后台以一定的时间间隔自动保存用户所做的工作，以防止由于意外断电、误操作或系统错误导致的损失。

三、多媒体课件打包

为了使程序可以脱离开发环境运行，经常会将程序打包。因为经常会在课件中插入各种素材，运用多种字体，制作多种效果，而且制作课件的软件及版本众多，为了使得课件能够在更多的环境下顺利运行，多媒体课件也需要打包。通过打包把演示文稿文件与支撑文件打包成一个文件夹，只要把这个文件夹整体复制到任何一台计算机上，利用PowerPointViewer来播放课件，就能够顺利播放。掌握了打包技巧，就不用担心播放课件的计算机是否安装了Office，安装的什么版本的Office，是否安装了一些特殊字体，也不用担心音乐、视频和动画等播放不了。

操作示范

一、多媒体课件的保存

下面，我们以《静夜思》课件为例，说明保存演示文稿的方法和注意事项。

1. 保存演示文稿

单击【文件】→【保存】，弹出"另存为"对话框（如图6.8所示）。在"另存为"对话框中选择演示文稿文件的保存位置，例如在左侧单击"桌面"。在"文件名(N)"框中输入文件名，例如"静夜思"。单击 保存类型(T): 右侧的列表框，弹出【保存类型】列表（如图6.9所示），先采用默认的"PowerPoint 演示文稿(*.pptx)"，然后单击 保存(S) 按钮，在桌面上可看到保存好的一个名为"静夜思"的".pptx"格式的演示文稿文件。

图6.8 "另存为"对话框

单击【文件】→【另存为】，弹出"另存为"对话框，在"另存为"对话框中，保存位置和文件名不变，设置保存类型为"PowerPoint 放映(*.ppsx)"，然后单击 保存(S) 按钮，在桌面上可看到保存好的一个名为"静夜思"的".ppsx"格式的演示文稿文件。双击这个文件，可以看到静夜思课件直接进入放映状态。

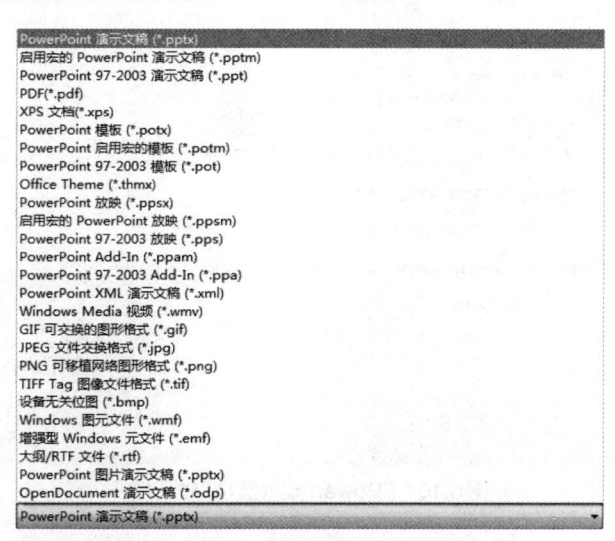

图6.9 【保存类型】列表

技巧点拨：

如果是初次保存演示文稿，则无论单击【文件】→【保存】还是单击【文件】→【另存为】，都会弹出"另存为"对话框。如果是已经执行过保存操作的演示文稿，再单击【文件】→【保存】，则不会弹出"另存为"对话框，只能在原有文件基础上继续保存，只有单击【文件】→【另存为】，才会弹出"另存为"对话框，就可以以另外的文件名或文件类型或保存位置重新保存一份演示文稿文件。

2. 设置保存选项

在制作演示文稿的过程中，可以通过单击 按钮，按下【Ctrl】+【S】组合键或者单击【文件】→【保存】及时保存对演示文稿文件做出的最新编辑修改，以避免不必要的损失。PowerPoint软件具有自动保存恢复功能，如果用户没有执行保存操作，PowerPoint软件会自动按时进行保存。

单击【文件】→【选项】，弹出"PowerPoint选项"对话框（如图6.10所示）。单击此对话框左侧的【保存】，然后在右侧设置"保存自动恢复信息时间间隔"和"自动恢复文件位置"，单击勾选"将字体嵌入文件"，然后单击【确定】按钮，再将PowerPoint软件关闭后重新打开软件，以上的设置就生效了。当PowerPoint软件出现意外关闭或者计算机意外断电后，重新打开PowerPoint软件可以恢复自动保存的文件。

图6.10 "PowerPoint选项"对话框

> 技巧点拨：
> 　　如果编辑演示文稿的时候修改较为频繁,可以将自动保存时间间隔设置在5分钟左右,当然也不能设置得太短,如果一两分钟就自动保存一次,那么PowerPoint软件总在不断地进行自动保存恢复,会影响软件的使用速度。如果修改较少,可以将时间间隔设置在10分钟左右。所以,时间间隔视具体情况而定。
> 　　将字体嵌入文件中两种方式的区别:仅嵌入演示文稿中使用的字符(适于减少文件大小),这种方式嵌入字体不会影响到观众的观看,所占容量较小,但是会影响到PPT的修改,比如修改这个文字将自动替换成电脑上默认的中文字体,而不再是嵌入的这个特殊字体。嵌入所有字符(适于其他人编辑),这种方式会将整个PPT所用的字体程序库都打包嵌入进去的,如果修改则显示的还是这一款嵌入的字体,但是会较大地增加文件容量。为了减少演示文稿的容量,在制作完演示文稿后选择"仅嵌入演示文稿中使用的字符"选项。

二、多媒体课件的发布

为了方便在没有安装 PowerPoint 软件的计算机上放映幻灯片,需要事先对演示文稿进行打包发布,将打包文件复制到没有安装 PowerPoint 软件的计算机上,用 PowerPoint Viewer 播放课件即可顺利放映。

下面,我们以《静夜思》课件为例,说明演示文稿的打包方法及应用。

1. 打包演示文稿

(1)单击【文件】→【保存并发送】,在下一级菜单"文件类型"中单击 将演示文稿打包成CD ,再在下一级菜单中单击 打包成CD ,弹出"打包成CD"对话框(如图6.11所示)。

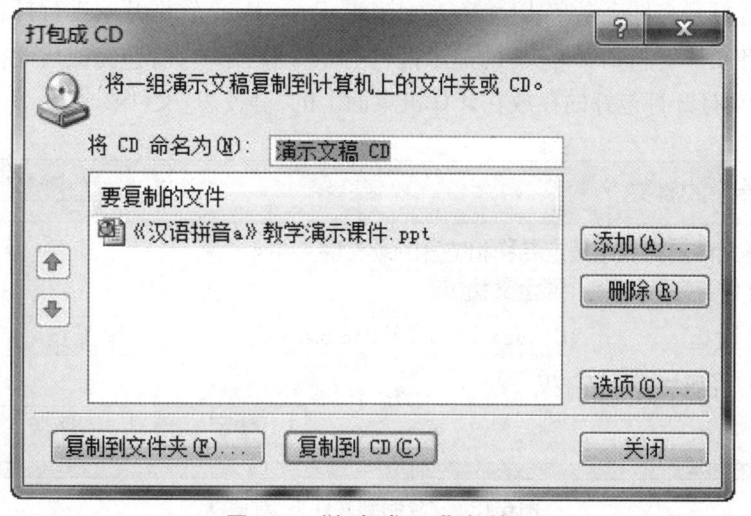

图6.11 "打包成CD"对话框

(2)单击"打包成CD"对话框中的 选项(O)... 按钮,弹出"选项"对话框(如图6.12所示)。如果勾选"链接的文件"则把演示文稿中所链接的文件一同打包。如果勾选"嵌入的TrueType字体"则把演示文稿中用到的TureType字体文件一同打包。在"打开每个演示文稿时所用密码"框中输入密码,则演示文稿打包后,若要打开其中的演示文稿就需要输入这个密码。在"修改每个演示文稿时所用密码"框中输入密码,则演示文稿打包后,若要修改其中的演示文稿就需要输入这个密码,这样可以保护制作好的演示文稿不被任意修改,设置的密码一定要记好而且保管好。设置好后单击 确定 按钮,返回"打包成CD"对话框。

图6.12 "选项"对话框

(3)单击"打包成CD"对话框中的 复制到文件夹(F)... 按钮,弹出"复制到文件夹"对话框(如图6.13所示)。在此对话框中单击 浏览(B)... 按钮,弹出"选择位置"对话框(如图6.14所示),指定打包后的文件夹存放位置,例如单击选择"桌面",然后单击 选择(E) 按钮。返回"复制到文件夹"对话框,在"文件夹名称(N)"框中输入文件夹的名称,例如"静夜思"。勾选"完成后打开文件夹",单击 确定 按钮,PowerPoint软件开始进行打包,并会弹出一个"正在将文件复制到文件夹"的提示框(如图6.15所示)。打包完成后此提示框关闭,计算机会自动打开打包好的存放在计算机桌面上的"静夜思"文件夹。

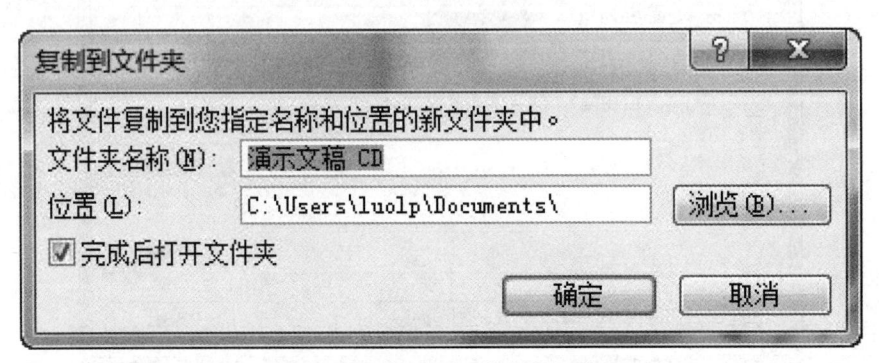

图6.13 "复制到文件夹"对话框

图6.14 "选择位置"对话框

图6.15 "正在将文件复制到文件夹"提示框

> **技巧点拨：**
> 　　如果在"选项"对话框中勾选了"链接的文件"，单击"复制到文件夹"对话框中的 确定 按钮后，PowerPoint软件在正式打包前会弹出一个"确认是否包含链接文件"的提示框（如图6.16所示），如果演示文稿中包含了外部链接文件，则单击"是，"否则单击"否"。
> 　　如果计算机安装了可刻录光驱，并且放置一张可写光盘，则通过单击"打包成CD"对话框中的 复制到 CD(C) 按钮，可以将演示文稿打包并将文件存入光盘中。

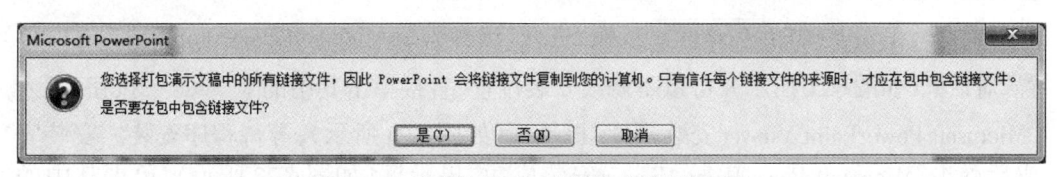

图6.16 "确认是否包含链接文件"提示框

　　（4）单击"打包成CD"对话框中的 关闭 按钮，关闭"打包成CD"对话框，退出演示文稿打包操作。

2. 使用演示文稿打包后的文件

打包完成后的文件夹中除了包含演示文稿外，还包含演示文稿中链接的外部文档、音视频和动画等文件、TrueType字体文件及其他支撑文件。不过，插入音视频的时候，PowerPoint 2010可以将音视频文件嵌入进演示文稿中，所以这些已经嵌入的音视频文件就不会再存放在打包文件夹中。查看音视频是否嵌入进演示文稿中，可以右键单击插入的音视频对应的那条自定义动画记录，然后选择"效果选项"，再单击选择【音频设置】或者【视频设置】选项卡，在"信息"项中如果看到了"包含在演示文稿中"字样，则表示音视频文件已嵌入进演示文稿。插入的swf动画文件无法嵌入进演示文稿中，则会存放在打包文件夹中，制作超链接的时候如果链接了外部文档，也会存放在打包文件夹中。

打开打包好的存放在计算机桌面上的"静夜思"文件夹。打开"PresentationPackage"文件夹中的PresentationPackage.html网页文件（如图6.17所示），单击页面中的 Download Viewer 链接，跳转到Microsoft的官方下载PowerPoint Viewer的页面，单击 下载 ，在此将PowerPoint Viewer（PowerPointViewer.exe）下载。

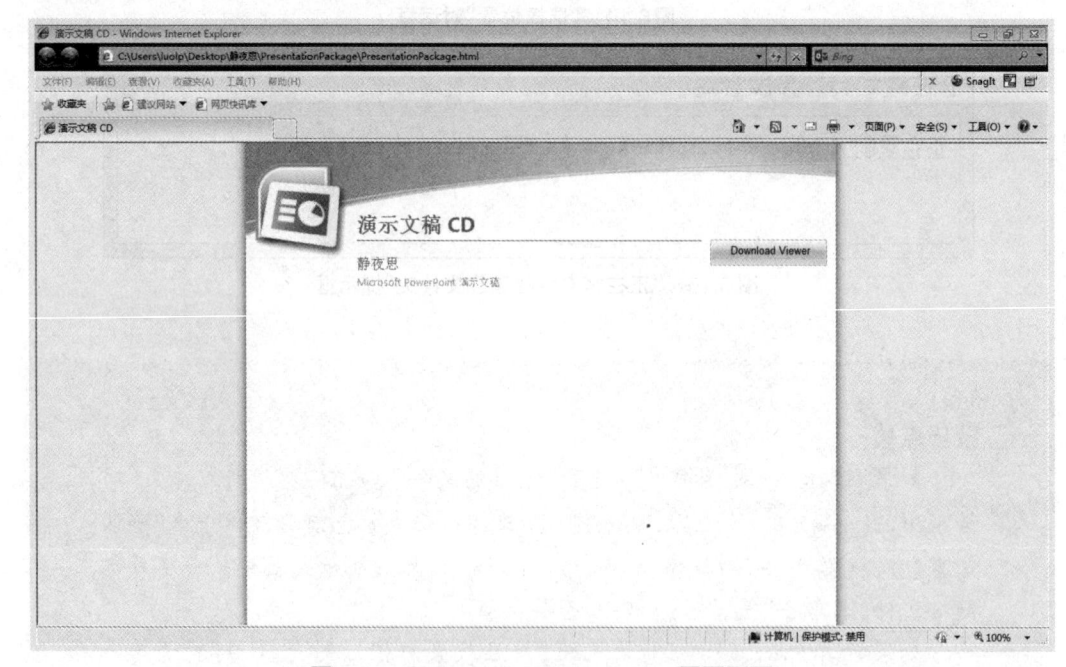

图6.17　PresentationPackage.html网页页面

下载完成后双击PowerPointViewer.exe文件，弹出"接受Microsoft软件许可条款"提示框（如图6.18所示），单击勾选"单击此处接受Microsoft软件许可条款"，单击其中的 继续(C) 按钮，进入"欢迎使用Microsoft PowerPoint Viewer安装向导"对话框（如图6.19所示），单击其中的 下一步(N) > 按钮，进入"选择安装Microsoft PowerPoint Viewer的位置"对话框（如图6.20所示），可以不修改安装位置，直接单击其中的 安装(I) 按钮，进入"Microsoft PowerPoint Viewer安装进度"提示框（如图6.21所示），等待程序安装。安装完成后弹出"Microsoft PowerPoint Viewer安装成功"提示框（如图6.22所示），单击其中的 确定 按钮，完成安装Microsoft PowerPoint Viewer。

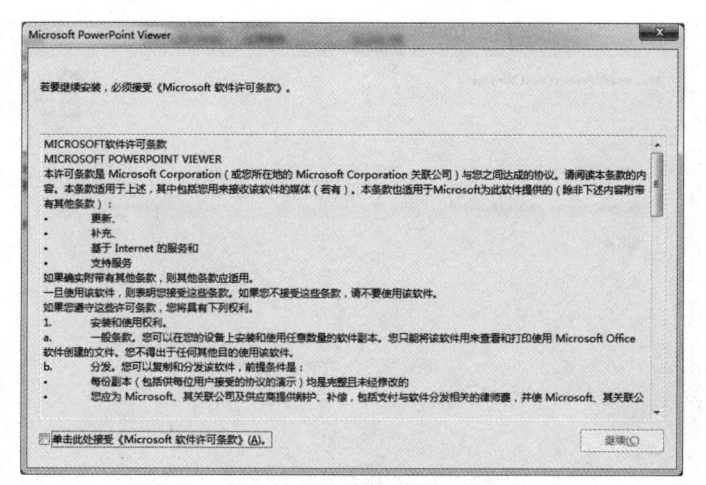

图6.18 "接受Microsoft软件许可条款"提示框

图6.19 "欢迎使用Microsoft PowerPoint Viewer安装向导"对话框

图6.20 "选择安装Microsoft PowerPoint Viewer的位置"对话框

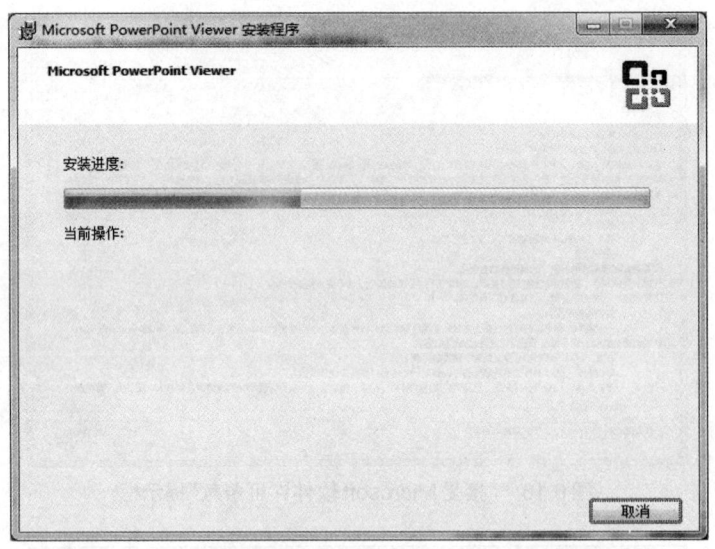

图6.21 "Microsoft PowerPoint Viewer安装进度"提示框

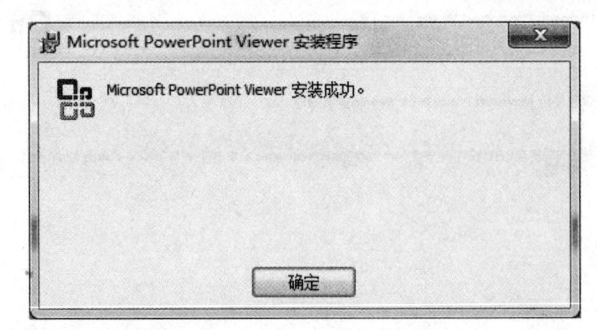

图6.22 "Microsoft PowerPoint Viewer安装成功"提示框

单击 →"所有程序"→"Microsoft PowerPoint Viewer",启动PowerPoint Viewer,弹出"Microsoft PowerPoint Viewer"选择文件对话框(如图6.23所示),在此对话框中,选择并打开计算机桌面上的"静夜思"静夜思文件夹,再选择"静夜思.pptx"文件,单击 打开(O) ,开始放映静夜思课件。

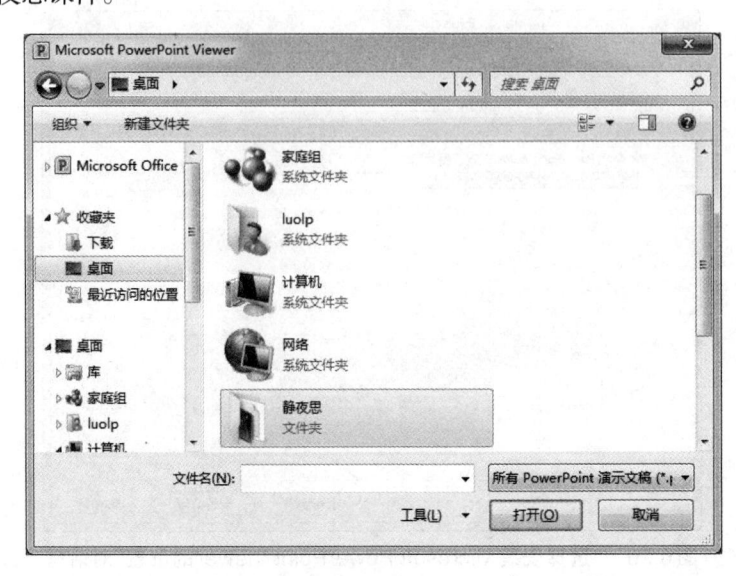

图6.23 "Microsoft PowerPoint Viewer"对话框

技巧点拨：

将打包后的文件夹以及下载的 Microsoft PowerPoint Viewer 一起复制到其他计算机上，即使该计算机上没有安装 PowerPoint 2010 软件，只要完成 PowerPoint Viewer 的安装，即可正常播放各种版本的演示文稿。2010 以前版本的 PowerPoint 会在打包的时候自动在打包文件夹中存放 PowerPoint Viewer 程序，不需要手动下载。

巩固练习

1. 【单选题】PowerPoint 2010 默认演示文稿文件的保存格式是（　　）。
   A.ppt　　　B.pptx　　　C.pptm　　　D.ppsx

2. 【多选题】以下哪些属于 PowerPoint 2010 能够支持的文件格式（　　）。
   A.ppt　　　B.pptx　　　C.pptm　　　D.ppsx

3. 【多选题】双击后直接进入放映模式的演示文稿文件格式是（　　）。
   A.pps　　　B.pptx　　　C.ppt　　　D.ppsx

4. 【判断题】只有装了 PowerPoint 软件的计算机才能播放演示文稿文件（　　）。
   A.正确　　　B.错误

5. 在 PowerPoint 中，不能将演示文稿存盘的操作方法是（　　）。
   A.选择"文件"菜单中的"保存"命令　　　B.单击工具栏中的【保存】按钮
   C.按组合键【Ctrl】+【S】　　　D.按组合键【Ctrl】+【X】

6. 【单选题】在 PowerPoint 中，既要保存修改前的演示文稿，又要保存修改后的演示文稿，应通过（　　）实现。
   A.单击【文件】→【保存】　　　B.单击【文件】→【另存为】
   C.单击工具栏中的【保存】按钮　　　D.按组合键【Ctrl】+【S】

7. 【判断题】PowerPoint 软件可以自动保存恢复演示文稿（　　）。
   A.正确　　　B.错误

8. 【判断题】PowerPoint 软件可以将幻灯片保存为图片（　　）。
   A.正确　　　B.错误

9. 【判断题】PowerPoint 2010 能打开 PowerPoint 2003 格式的演示文稿文件（　　）。
   A.正确　　　B.错误

10. 【分析论述】制作多媒体课件的时候使用了某些特殊字体以及外部文件，如果要将演示文稿拿到另外的计算机上放映，应该注意哪些问题？如何解决这些问题？

模块七　多媒体课件的评价

【学习目标】

知识目标

解释说明多媒体课件评价的各项指标的含义。

技能目标

能根据多媒体课件评价标准对课件进行评价,列举出课件的优缺点及优化建议;

观赏课件案例的过程中,能发现其中课件设计制作的指导思想和采用的技术手段;

学习优秀课件的设计制作经验,避免课件设计制作的误区。

情感、态度、价值观目标

在课件评价的过程中感受到课件被赞赏的愉悦并虚心接受他人的建议。

【重难点】

理解多媒体课件评价的各项指标的含义

根据多媒体课件评价标准评价并优化课件

第一节 多媒体课件评价

理论引领

一、多媒体课件评价的分类

根据评价主体的不同，多媒体课件评价可以分为正式评价和非正式评价。正式评价由有关部门组织有关方面的专家组成专门小组，经过严格程序进行全面而科学的评价，具有较高的权威性。而非正式评价则是由个别或若干开发人员、教师或学校所进行的一般性评价。

根据评价功能的不同，多媒体课件评价可以分为形成性评价和总结性评价。形成性评价是在开发过程中所进行的评价，旨在调试和修正课件，使之更加完善。总结性评价则是在课件开发结束之后所进行的评价，旨在对课件质量做出最终的判定。

根据评价中所使用的工具不同，多媒体课件评价可分为量化评价和质性评价。在本教程中介绍的评价主要运用多媒体课件综合评价指标体系表进行评价，这种评价属于量化评价方法。质性评价更多地使用自然工具，通过对多媒体课件的相关资料整理分析，用描述性、情感性语言对其作出评定。

二、多媒体课件评价的准备工作

在教育教学领域中多媒体课件评价不管采用哪种方式，评价前都应做好一切准备工作。例如，制定多媒体课件评价的计划，包括参评课件的范围、标准要求、课件申报要求、评选方法和奖励等内容，并转发给参评单位或个人。评价前要设计和印制好评价填写的表格，提供评价时所需的场地、设备等。为了对多媒体课件能够做出全面、客观、准确的评价，必须建立多媒体课件评价的标准并采取合理的方法，决不可主观臆断或由个别人说了算，要发扬民主讨论的作风。

评价结束后，还必须对评价的结果进行认真分析、核实和查对，特别对课件的内容、教学效果进一步研究，根据评价的目的，或对多媒体课件质量作出评定，或提出修改意见以便以后修改完善，或写出教学使用意见书或选择、选购意见书等。最后还应对多媒体课件的评价过程进行总结，肯定成绩，找出不足，为今后的课件评价工作提供经验和指导意见。

总之，多媒体课件评价是一项重要工作，在进行这项工作时，参与的各级部门、评价人员必须认真对待，切不可流于形式，把课件评价当儿戏，误导教师和学生。作为参评人员，要以平常心对待每一次课件评价，决不能把评价当作课件制作的目的，应吸收优秀课件的长处，提高自身课件制作的水平。

三、多媒体课件综合评价体系表

多媒体课件是一种教育教学软件，因此，其评价既包括对教育教学的评价，也包括对软件的评价。要想得到正确的评价结果必须有一个完备的指标体系，即对多媒体教学课件教育价值的细化，其内容应该完整地反映课件在教与学各个阶段、各个层面的教育价值。一个完备的指标体系，尽管体系的各项仅反映教育价值的一个侧面或部分，但其总和应该全面、完整地覆盖多媒体教学课件的教育价值。因此，对多媒体教学课件进行综合评价应包括教育性、科学性、技术性和艺术性四方面。

教育性。教育性的评价包括教学内容和教学效果。教学内容的评价细分为教学适应性、认知规律性、结构合理性、生动趣味性、教学交互性和评价反馈性；教学效果主要指思维训练方面。

科学性。科学性的评价包括课件内容和媒体规范两个方面。课件内容的评价细分为科学先进性、思想正确性和选材典型性；媒体规范主要是指文字与图表和音视频素材两个方面。

技术性。技术性的评价包括软件运行、软件操作和软件拓展三个方面。软件运行方面主要细分为软件运行、软件性能和软件容错性；软件操作细分为用户指导、操作使用性；软件拓展主要是指软件的开放扩展性。

艺术性。艺术性的评价包括媒体质量水平和整体设计水平。媒体质量细分为界面设计和素材质量；整体设计细分为媒体选择、媒体优势和教学设计。

综上所述，我们将多媒体课件综合评价指标体系分为4个一级指标、9个二级指标以及23个三级指标，并对每个指标进行了量化，给出了每个指标的目标要求，形成了表7-1所示的多媒体课件综合评价指标体系表。

表7-1 多媒体课件综合评价指标体系表

一级指标	二级指标	三级指标	目标要求	得分
教育性(40)	教学内容(35)	教学适应性(5)	符合本学科或课程教学要求，教学目标明确，取材合适，深度适宜，分量适度	
		认知规律性(7)	符合学生认知规律，逻辑性强，富有启发性，便于学生学习，有利于学生能力培养	
		结构合理性(8)	教学内容结构合理，学习路径明确，知识关联清晰	
		生动趣味性(5)	表述知识生动，能引起和保持学生的学习兴趣和注意力	
		教学交互性(5)	人机交互性强，学习进度可控，学习路径可选	
		评价反馈性(5)	习题和思考题质量高，题型适当，设计水平高，操作简便，具有较好的学习评价和反馈	
	教学效果(5)	思维训练(5)	注重培养学生分析问题、解决问题的能力，在传授知识的同时注重学生的思维训练	
科学性(20)	课件内容(12)	科学先进性(5)	遵循学科规律，没有违背规律的内容，并能反映本门学科国内外科学研究和教学研究的先进成果	
		思想正确性(5)	符合辩证唯物主义，弘扬民族文化，无政治性和政策性错误	
		选材典型性(2)	选材典型，具有普遍性	
	媒体规范(8)	文字与图表(4)	文字表达规范，字体、字号和色彩适合阅读，图表清晰准确，符号、公式和计量单位符合国标	
		音视频素材(4)	讲解、配音和对白的教学水平高，使用普通话录音，视频的制作符合规范	

技术性(25)	软件运行(15)	软件运行(5)	软件运行正常、可靠性高、兼容性强,退出或中断后恢复原系统状态	
		软件性能(5)	各功能正确无误,划分明确合理,响应速度快	
		软件容错性(5)	软件对错误输入和错误操作的容忍性强	
	软件操作(7)	用户指导(3)	附有用户手册,内容完备,表述简明,便于使用	
		操作使用性(4)	操作界面友好,步骤明确,使用简便	
	软件扩展(3)	开放扩展性(3)	具有较好的内容调整、组合、更新和补充等开放性和可扩展性功能	
艺术性(15)	媒体质量(6)	界面设计(3)	界面设计简明、布局合理、色彩协调、美观大方、重点突出	
		素材质量(3)	音效质量高,图片清晰,动画生动,技术指标高	
	整体设计(9)	媒体选择(3)	根据教学内容优选图、文、声、像等媒体类型	
		媒体优势(3)	解决教学重点和难点的水平高	
		教学设计(3)	多媒体教学设计水平高	

巩固练习

1.【单选题】多媒体课件本质上来看是一种教学软件,因此,其评价就等同于对软件的评价。（   ）

　　A.对　　　　　　B.错

2.【单选题】为了防止他人使用自己的多媒体课件,我们在制作时应尽可能使课件内容不宜调整、组合和更新,降低开放性和可扩展性。（   ）

　　A.对　　　　　　B.错

3.【单选题】在开发过程中进行的旨在调试和修正多媒体课件,使之更加完善,属于（   ）。

　　A.诊断性评价　　　B.总结性评价　　　C.形成性评价

4.【多选题】按照评价主体的不同,多媒体课件可以分为:（   ）

　　A.正式评价　　　B.质性评价　　　C.非正式评价

5.【分析论述】多媒体课件评价是一项重要工作,请结合实例分析论述在进行多媒体课件评价前应做好哪些准备工作。

第二节　PowerPoint多媒体课件综合案例赏析

理论引领

一、多媒体课件的制作原则

很多人在利用PowerPoint软件制作多媒体课件时存在一些误区,例如演示文稿的内容结构层次不清晰、幻灯片中加入很多与课程内容无关的图片和动画、选用了不恰当的模板和色彩搭配等等,以致很多学习者起初觉得多媒体课件授课很有趣,但不久后就失去了兴趣,开始怀念以前的"黑板"。其实在教学过程中,无论是采用什么形式,开展什么样的活动,都必须与讲授的内容紧密联系起来。PowerPoint多媒体课件有其自身的特点,在课件的制作和运用中,需要把握几个原则。

1. 结构要清晰

多媒体课件通过演示课件,使授课方式变得方便、快捷,节省了教师授课时的板书时间。传统教学中,一节40分钟的课程,老师的板书大概也就是两到三板;而相同的时间多媒体课件的幻灯片则要播放15~20张,甚至更多。多媒体课件的使用让课堂的信息量较以前有大幅度提升。但随之而来的一个问题是,如果幻灯片的内容没有清晰的层次结构,巨大的信息量会让学生晕头转向,记录课堂笔记也会显得非常困难。

如何做到结构清晰呢？首先课件中的文字要精练,教材上的大段文字阐述不必在课件中重复出现,即使要出现,也尽量浓缩,以浅显、精练的文字归纳出要点。其次,在课件中可通过交互方式多次回到目录页,每讲完一个大问题,都返回到目录页,使走神的学生也能追上课程的思路。再者,整个课程的项目符号和编号要统一,并尽量与教材保持一致,以方便学生做笔记。

案例1：提炼文字

　　元素与原子的对比,左图以文字为主,大段文字让学生厌烦,对此有排斥心理;右图是修改后的案例,以图表的形式提炼了关键字,使得知识结构更清晰,学生易于接受,方便理解、记忆。

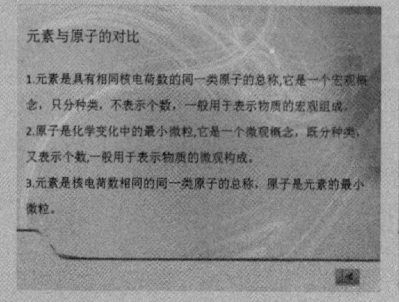

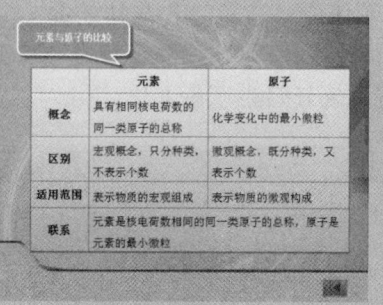

图 7.1　元素与原子的对比

案例2：重复播放目录页

　　利用多媒体课件的交互功能，可以实现各个教学内容和目录页的快速跳转，学生在学习完每个内容后，回到目录页，可以加强学生对本节课整体结构的把握，同时，也可以使走神的学生能追上课程的思路。

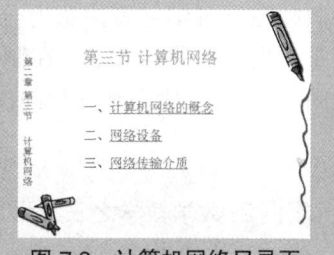

图7.2　计算机网络目录页

2. 内容要突出

　　虽然说课件中的动画和图片可以吸引学生的注意力，激发学生的学习兴趣，避免课堂气氛的枯燥乏味，但很多人制作课件的时候，喜欢把手头搜集的图片、动画、声音等，不管与课程内容有没有关系，是不是有助于学习者理解和掌握知识，统统堆砌在课件之中，甚至一些"获奖"的课件也是如此。课件毕竟是为教学服务的，过多、过于花哨的素材反而会分散学习者的注意力。

　　曾经有人组织过一个对比测试，两个水平相似的班级，A班教学课件中对课文内容使用的是几幅朴实无华的简单的图片示例，B班使用的是一个"精彩"的Flash动画。上课结束后的随堂测验表明，A班学习者对这部分的知识的掌握好于B班。对学习者的访谈也表明，B班的很多学习者只记得那个Flash中的卡通人物和视觉效果，而真正重要的知识却没有留意太多。

　　动画和图片数量过多、与讲解的知识内容关系不大等等都属于做过头的典型情况，前者会分散学习者的注意力，后者则会让学习者感到莫名其妙，所以动画和图片的放置一定要适量和相关。

　　在摄影作品中，构图的基本原则是"减法"，即尽量把与主题无关的元素从画面中减去。课件的制作可以借鉴这个原则，先用"加法"把平时搜集的、跟教学内容有关的素材放到PPT中，然后再做"减法"把重复和相关性不大的素材删除。

3. 节奏要合理

　　授课过程中，应注意把握课堂节奏，多媒体课件翻页比板书要快捷得多，不能赶进度。要紧紧抓住学习者的注意力。每张幻灯片中文字的字数以30~60个汉字为宜，讲授时间以2~5分钟为宜，如果一个问题或概念的内容比较多，一张幻灯片放不下就拆分为两张，切忌强行把文字堆积在一张幻灯片上。

案例1：语文教学之培养学习者自读能力

　　如右图所示是一个培养学习者自读能力的多媒体教学课件，老师在使用该课件时，让学习者自主阅读《让孩子自己走》这篇文章，但是从右图我们可以看出，该幻灯片中，文字字号过小，字数过多，而且行间距过小，学习者阅读时容易出现跳行现象，不利于阅读，还容易引起学习者的厌烦情绪。

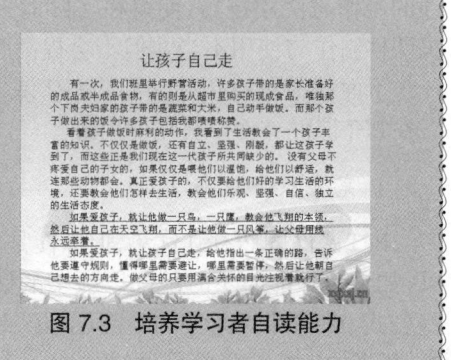

图7.3　培养学习者自读能力

心理学的研究成果表明,学习者的注意力集中的时间大约在15~25分钟之间,有经验的教师在发现学习者注意力分散的时候,往往会插入一个"包袱",把学习者分散的注意力重新集中到课堂上来。在制作PPT课件时,也可以尽量有意识地在学习者容易走神的时间段,插入一段动画、声音或视频等能引起学习者注意的素材。

案例2:数学教学之三角形内角和

如右图所示是《三角形内角和》多媒体教学课件中的一张幻灯片,老师在使用该课件时,学生先通过动手测量,发现三角形内角和,这时他们已经有了结论,会稍有松懈情绪。这时给学生一个新的刺激"折一折"来验证所得结论使他们持续保持注意力集中,增强成就感。

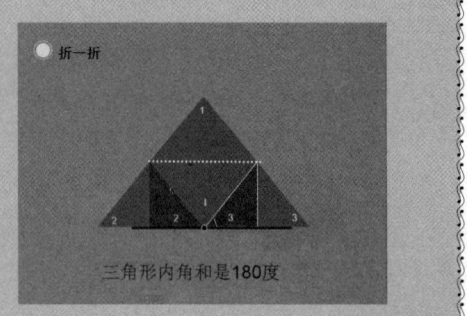

图7.4 三角形内角和

4. 搭配要和谐

模板与色彩搭配要和谐。和网页的设计一样,PPT也忌讳"五颜六色",过多的颜色会显得杂乱,并分散学习者的注意力。一般来讲,除了黑色和白色外,最多搭配三种颜色。建议每个课件准备两种色彩搭配以适应不同的环境光线。第一种蓝底白字,适合在环境光线比较强的情况下使用,这种色彩搭配既能让学习者看清文字,又不易产生视觉疲劳。第二种白底黑字,适合在较暗的环境下使用,因为白色的底版让学习者可以看清教师的"肢体语言"。

教学是以学习者为主体、以教师为主导一个活动过程,任何类型的多媒体课件在这个过程中都只是一个辅助手段。PPT使教师能够把一堂课的重点突出、难点分散,把难以用语言描述的原理和过程用多媒体素材形象、直观地演示出来。但课件不是一节课的全部,整个课程仍要以教师为主导。所以,我们不必把课件做得面面俱到,更不能把应该由学习者思考的问题那么轻易地展示出来,我们所要做的事情是通过课件的展示来激发学习者积极学习的兴趣,促进学习者的主动探究与思考,促进学习者创造性地学习。

二、常见的PowerPoint多媒体课件制作与使用误区及解决措施

多媒体课件以其丰富的表现性和良好的交互性等优势博得了越来越多一线老师的青睐,尤其是PowerPoint软件制作的多媒体课件,但是有些老师却由于没有掌握好这种课件的制作与使用技巧,使得在实际的教学中并没有充分发挥出其优势和效果。而且,如果课件制作与使用不当非但不会提高教学效果,还会起反作用,使教学效果下降。

下面就通过对几种常见的PPT课件的制作与使用误区的介绍与纠正,以给各位学习者在PPT课件方面以有用的启发。

1. 完全放弃板书

PPT课件固然有其优势,但即便是再精彩的课件,也会引起学习者的"审美"疲劳。所以,如果教师能时不时地配以板书的话,则能够调节课堂的枯燥气氛。尤其是在讲解一些公式、讲解即兴而发的新问题、记录学习者的发言要点、主持学习者讨论案例等的时候,板书的优势是显而易见的。

2. 不讲究美感

在这个方面主要有两类比较典型的情况,一类是艺术性过分单一,另一类是艺术性过分花哨。在艺术性过分单一的PPT课件中,典型的例子如,从头到尾的文字都是一种颜色,内容布局单调,需要强调突出的知识点也没有在大小、形状和颜色等方面有所不同,这样的课件看起来平淡无奇,看久了很容易让人觉得索然无味。这种PPT课件虽然是利用了现代化的技术,但却根本没有体现出现代化的优势来。在另一类艺术性过分花哨的PPT课件中,则由于使用了过多的颜色、字型等而使得课件的知识重点主题分散,容易引起学习者的思维过分活跃而不能准确地知道哪个才是重点、哪个才是非重点。

图片素材的质量在一定程度上影响着多媒体课件的美观性,这也主要表现在两方面,一类是图片素材清晰度不够,另一类是图片素材的颜色跟背景色搭配不协调。

教师在制作课件时,要把每张幻灯片都当成是一副精美的艺术品,不管是颜色、布局、大小等哪方面,都要在保证学习者能清楚看到并且和所讲授课程内容相关的前提下做得美观。比如在颜色上,一般而言,在一张PPT片上的颜色不要超过3~4种,背景色和字体色要用较强的对比色,布局上要讲究均衡,避免一边沉的情况,而且同级别主题的文字最好使用同种颜色和艺术效果。

案例1：

多媒体课件《声音的编辑》中"插入声音"这一知识点包含三个关键步骤(如图7.5所示),原始案例中,虽然关键步骤有星号提示,但是描述操作步骤的文字颜色、字体一致,关键知识点不突出,而右图用另外一种颜色突出关键字,便于学习者捕捉、记忆关键知识点。

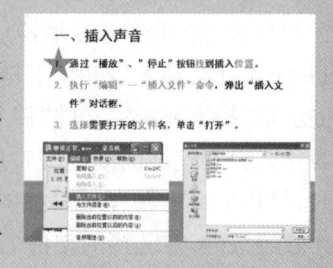

图7.5　插入声音

案例2：

多媒体课件《投资的选择》中"我国银行的分类"这一知识点,结合生活中常见的银行进行分析讨论(如图7.6所示),原始案例中,各个银行的标志是以白色作为背景色,这与课件所使用的模板颜色搭配不协调,影响美观;右图是修改后的案例,采用修改后的透明图片,与课件模板完美融合。

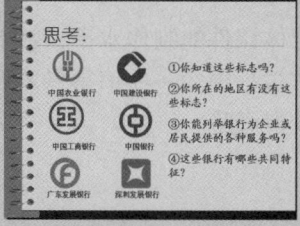

图7.6　设置透明图片

3. 信息在同一幻灯片上同时显示

例如，某个主题有几个分问题，而这几个分问题需要逐个地讲解，那么，把这几个分问题同时展示在一张片子上的做法就是一种典型的误区。因为这样的话，在教师讲解第一个分问题的时候，学习者就已经在阅读和思考下一个问题了，等教师讲解第二个时，学习者可能已经在回味第一个并开始思考第三个问题了，如此类推。显然，学习者的听课节奏没有和教师的讲解节奏保持一致，这必然会影响授课效果和学习效果。

遇到这种需要逐个讲解众多分问题时，建议教师采取动画逐渐显示的方式，或者把这些分问题按讲解的时间顺序排在后续不同的幻灯片里，如此，这样的课件就不会让学习者的思维分散，能更好地集中学习者的注意力于教师正在讲解的问题上，这样教学效果会更好。

4. 文字大小不恰当

其实，到底PPT上的文字要多大并没有固定的标准，这要取决于你的PPT投影面的最远距离。一般而言，如没特殊要求，PPT上欲展示给学习者阅读观看的文字大小最少应为24号，最大不要超过60号。字号过小，会导致座位在后面的学习者看不清楚具体内容；字号过大，整个页面上的文字会显得非常单薄、整个PPT的效果也非常不美观。

5. 链接文件找不到

经常会看到这种情况，尤其是那些刚开始使用PPT的人会有这样的问题，那就是在播放PPT的时候，却发现PPT上链接的文件（图、文、音乐、视频等）打不开，PPT上显示的错误提示是"找不到链接文件"！

为什么会有这样的问题呢？原因其实非常简单，那就是移动或转存PPT课件到其他磁盘时，只移动或者转存了单独的PPT文件，而没有把那些被链接的文件也同时转存；或者制作好链接后，被链接的文件名称发生了变化。

因此，我们建议在制作PPT课件时，首先在制作PPT的计算机上新建一个文件夹来保存PPT及其中使用到的音视频等链接文件，在插入这些超链接时多使用相对路径，尽量不使用绝对路径；其次，若想修改被链接文件的名称，尽量在制作超链接之前修改。这样就可以避免"链接文件找不到"的问题。

总之，在这里我们所列举的仅仅是PPT制作过程中的一些常见问题和误区，不同的课件在制作时还有其特殊或特定要求，无论何种课件我们只要在制作与演示过程中认真规避一些误区，遵循科学规律，那么PPT课件就能发挥出优于传统课件的作用。

案 例 观 摩

为了提高多媒体课件的制作水平，我们有必要多观摩、评价一些多媒体课件，从中发现课件设计与制作过程中的一些值得借鉴和学习以及需要优化与改进的地方，以便在课件设计与制作中少走弯路。

案例1：

　　《运动的描述》教学设计紧密结合学生的生活实际，能有效调动学生的积极性，提高学生的参与度，引导学生结合生活案例探究新知，既能紧扣教学内容，又拉近了学生与学习内容之间的距离。教学课件画面清爽、简洁大方，特别适合高中生；图文结合能很好地吸引学生注意；文字内容较多的页面，一方面设置了自定义动画，信息逐条显示，减少学生的厌烦情绪和认知负荷；另一方面，文字内容设置了不同的字体和颜色，既使画面美观大方又能突出关键内容；习题页面内容通过自定义动画的设置，先显示题目，后显示答案，能给学生充足的思考时间和空间。

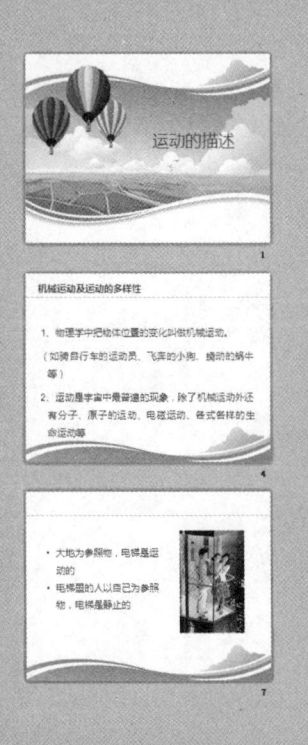

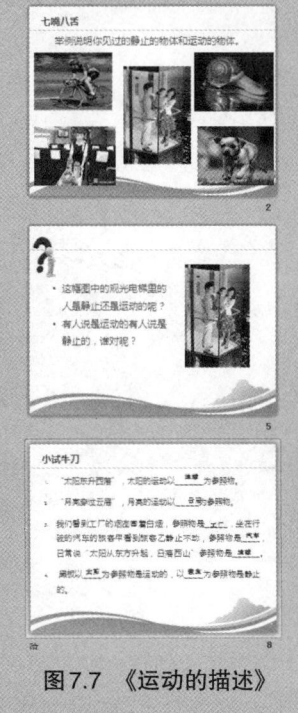

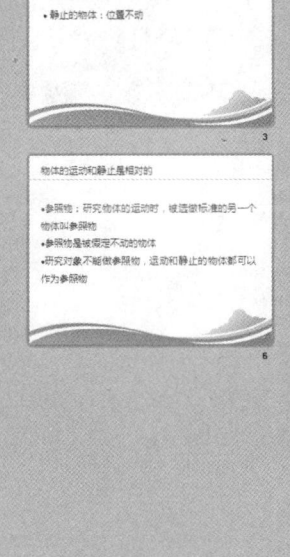

图7.7　《运动的描述》

案例2：

《三角形内角和》教学设计体现出以学生为本的教学理念,充分考虑学生已有的知识背景和性格特征,运用猜谜语的方式引出已学图形,通过三类三角形之间的"争吵"设置疑问,引发学生内心激烈的矛盾和强烈的求知欲望,很好激发学生学习动机,引导学生猜想、探究、实验、感受和应用新知,符合学生的认知规律。教学课件画面清爽,富有童趣,特别适合小学生;选用的图片活泼可爱,形象生动,并且适时给学生一个新鲜的刺激,能持续吸引学生注意力;自定义动画的应用较好地完成了教学的需要。

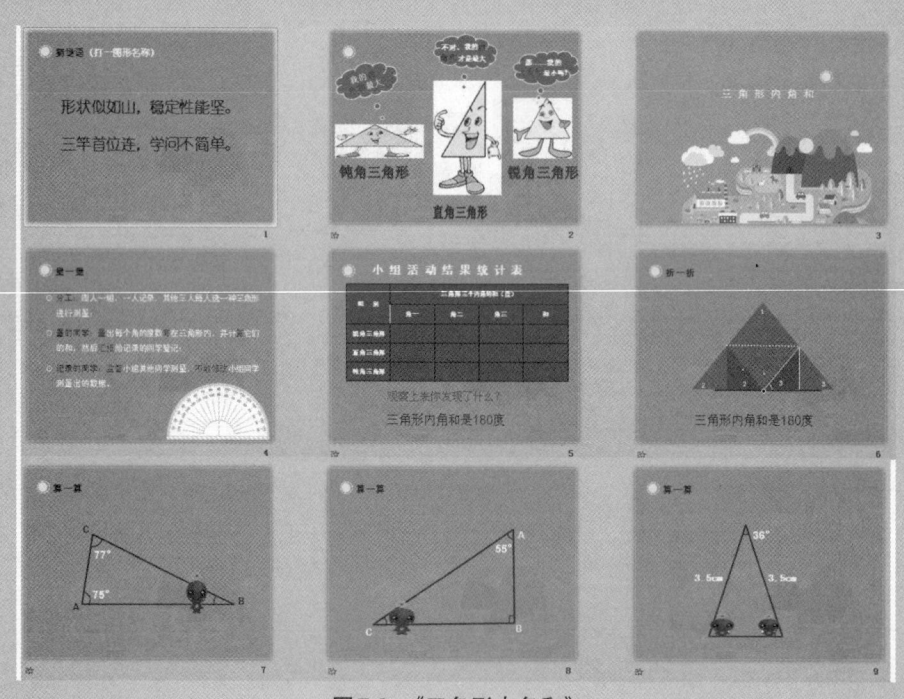

图7.8 《三角形内角和》

案例3：

　　《操场上》教学设计能准确分析教学内容、学习者和教学目标；情境创设符合小学生特征，能有效激发学生学习兴趣；教学问题设计有层次性，做到了既面向全体学生又关注学生差异；教学活动设计遵循孩子学习规律，由易到难，环环紧扣，通过多种方式完成教学目标，突破教学重难点；并且注重学生学习习惯的养成。教学课件画面清爽，富有童趣，特别适合低年级的小学生；而且学习汉字时配合着相应的图片，能够帮助学生记忆。

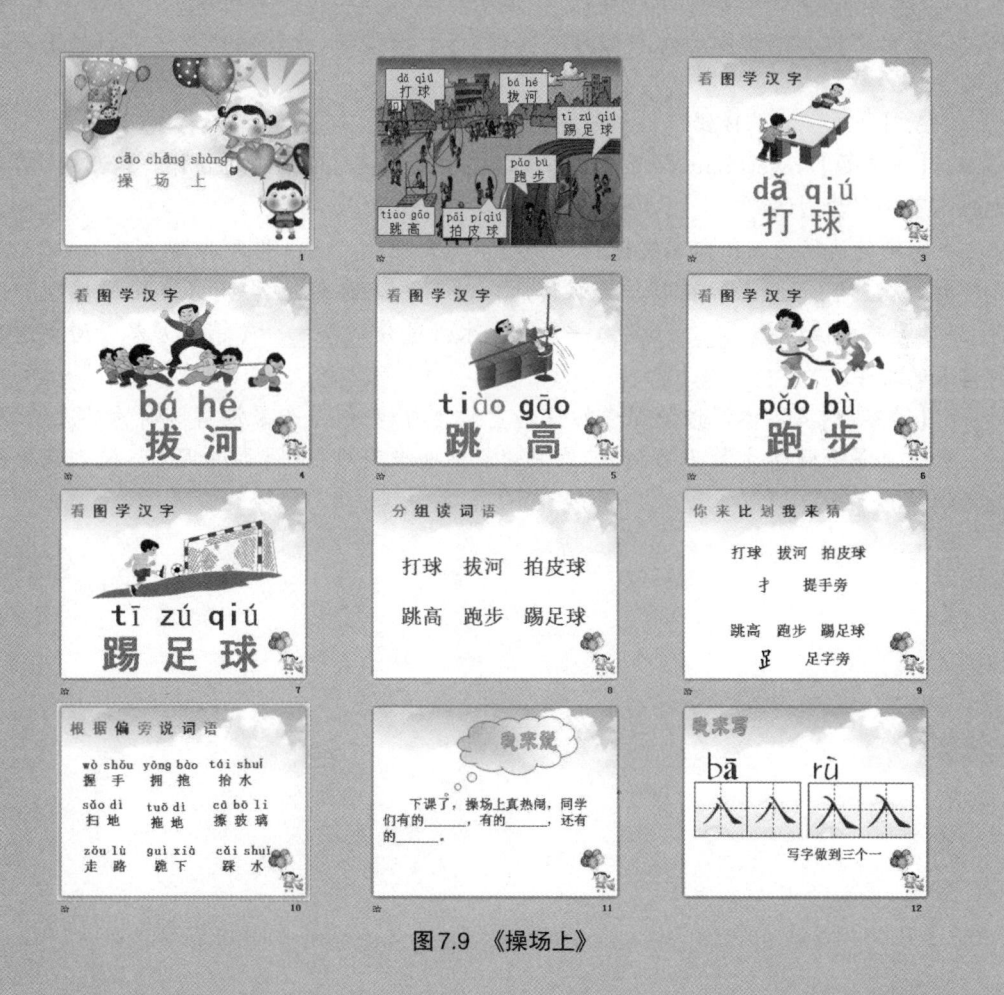

图 7.9 《操场上》

巩固练习

1.【单选题】课件中的动画和图片可以吸引学生的注意力,激发学生的学习兴趣,避免课堂气氛的枯燥乏味;因此我们在制作课件时,要尽量多使用动画和图片,以调动学生的积极性。( )

  A.对　　　　　B.错

2.【单选题】为了给学生提供完整的知识结构,我们要把一个问题或概念的内容放在一张幻灯片上,哪怕这个问题或概念的内容比较多。( )

  A.对　　　　　B.错

3.【单选题】在制作PPT课件时,为了把学生分散的注意力重新集中到课堂上来,我们可以有意识地在学生容易走神的时间段,插入一段动画、声音或视频等能引起学生注意的素材。( )

  A.对　　　　　B.错

4.【多选题】PowerPoint多媒体课件有其自身的特点,在课件的制作和运用中,需要把握以下哪些原则( )

  A.结构清晰　　　B.内容突出　　　C.节奏合理　　　D.搭配和谐

5.【填空题】有些老师在制作多媒体课件时不讲究美感,主要有两类比较典型的情况,一类是艺术性过分_____,另一类是艺术性过分_____,我们应尽量避免这两种情况的发生。

6.【简答题】多媒体课件使课堂的信息量大大增加,但是如果没有清晰的层次结构,巨大的信息量会让学生晕头转向,记录课堂笔记也很困难,请简要说明怎样做到课件结构清晰。